CHOP CHOP

小女鵝和她阿爸的
1+1便當日記

Claire
克萊兒的廚房日記

著

野人

作者序
Authororder

1+1 能量大於 2 的甘味人生

您的閱讀是我的榮幸，感謝您有興趣翻閱這本克萊兒用心燒飯的軌跡。

我不是專業主廚只是對燒菜很有興趣的素人媽媽，我提供的食譜不是正宗、無門無派也遠不及料理達人的各式餐點，只是家人喜歡的口味算是無名式吧！對於料理便當菜和餐桌上的菜餚，我的作法有些許差異，便當菜不太用大火快炒，也不油炸，料理方式偏向乾煎、電烤、簡單翻炒且除了汆燙很少加水，又因為很在意料理便當過程衛生要到位，所以我做便當時會多幾道工序，為求效率，我常用在便當菜的調味料種類不多、也沒用食物料理機，多半在爐子上和烤箱來料理，我的便當菜沒有難度但我的便當卻能產生巨大的能量，因為便當好吃又健康能為家人增強免疫力，因為天天做便當，菜餚合家人口味，我和家人聚在一起吃飯時間越來越多，美好的便當讓我們的日常多了一份溫暖，幸福感也提升不少，若是您也正有意願自己料理便當，要不要參考看看我的經驗呢？

這本書的誕生，動力來自我兩個女兒和我家男丁（我的先生），為了讓他們好好吃上一餐飯，我用心出餐，用簡單的邏輯來變化料理，讓吃便當變成一種期待。做飯是很多煮婦再平凡不過的日常，但我始終認為做飯是件偉大的事，如同產品企劃一般，從設計菜餚成品，在腦中清楚羅列食材清單和比例，採購食材、整理食材、控制火候，用自己的節拍在廚房中與自己對話，獨自完成料理並裝盤出餐，不論是餵飽家人的肚皮或是宴請好友，燒菜其中的樂趣和成就感也令人愉悅。這本書是我為家人日常做便當的記錄，分享給在正在或是想要做便當的朋友們，不論是為自己或為愛的人做飯，都應該是件快樂的事，讓我們都來好好地吃飯吧！

透過這本書，我想對我 21 歲的大女兒和 18 歲的小女兒說：「不論什麼事情，只要用心去做，一定會達到某種作用，這樣的作用會讓自己產生源源不絕的動力，而這股動力將會為自己找到想去的方向並勇敢向前。」。

克萊兒

Contents

● **提前備料**
　食材前置作業
　半成品準備

● **製作流程**
　菜單和順序照表操課
　主食與菜色分隔
　便當擺盤示範

和你聊聊
我家的便當
Preface

做便當的起點

　　過去25年來我都在科技產業奮鬥，工作雖然很忙，但我很喜歡做料理，只要有時間下廚，我一定會為家人燒菜做飯燉湯，由於產業屬性因素，我常常東奔西跑，孩子小學階段，感謝一起同住的公公婆婆幫忙照料，孩子上了國中之後，我的工作重心移往了海外，頻繁地出差國外成為常態，為了打點我家男丁（我先生）和女兒們的三餐，我們聘請外人幫忙料理平日的晚餐，並準備他們隔天的便當，就這樣持續了很多年。

　　小女兒高二上學期即將結束前的某一天中午，我家男丁傳了一張照片給我，照片裡是一個打開的便當，我不太記得便當菜色是什麼，但我非常震驚便當菜看起來都是深褐色，貌似用了很多醬油，而青菜也因為煮太久又經過復熱已經變黑，這樣的便當確實可以吃飽，但重鹹不說、食材營養已流失更沒有美味可言，難怪只要我休假在家，女兒們就拼命點菜，不管我燒什麼，她們都說好吃、好吃、很好吃。我家男丁工作時間也非常緊湊，他一般都用很少的時間吃午餐，傳照片的那天，他說他吃什麼都沒關係，但想到女兒也跟他吃相同的便當菜色，而且吃了那麼多年，他越想越心疼，就在那天晚上，我問了小女兒「你一直吃這樣的便當怎麼都沒跟媽媽說？」，小女兒自嘲說同學常開玩笑說她的便當是暗黑料理，不過她不以為意覺得能吃飽就沒事。當下，我認真地考慮我是否該為他們做些什麼改變？

　　就這樣，我開始了我的便當主廚人生，放掉工作，決定為家人料理三餐。兩年過去了，雖然每次我問小女兒媽媽做的便當好吃不？她老是回答「便當正常發揮」，但我很清楚這兩年我們累積的養分不只是幾百個便當帶來的，我們也凝聚了無比貼近的向心力和在一起的感動。帶便當很奇妙成為一種關懷的溝通密碼，便當裡裝著他們愛吃的菜代表媽媽很體貼；便當裡裝著他們不愛吃的菜卻被吃光表示他們對媽媽的貼心；便當裡總有不想吃的菜被討價還價的出現或不出現，就變成了一種親密的撒嬌；便當裡出現需要補充的營養卻不被討喜的菜被視為給予與接受。總之，便當背後的意義真的很多元也很有意思，本著愛護家人的初衷，希望家人每天在努力衝刺之餘也能好好吃上一頓飯，吃進嘴裡暖進心裡，一家人用心善良守護著彼此，這是我做便當獲得最大的收穫，也是做料理的一種快樂與自在。

　　最後簡單介紹一下我做的便當到底是給誰吃的？我有兩個女兒，大女兒在外地念大學沒帶便當，小女兒念高中，大容量的便當是給她吃的，書包很重、早出晚歸、肚子很餓…所以她吃大的便當，她的便當飯菜量大約650ml左右。小盒的便當是給我家男丁這位歐吉桑吃的，我家男丁吃多不運動就會發胖，加上他的工作需要高度的專注力和久坐，他吃完午餐後比較需要的是休息，他主張中年人便當份量不需要太多，用澱粉塞飽肚子只會讓身體承受更大負擔，所以中午給他足夠的蛋白質、維生素但少碳水，小盒便當容量大約300ml對他來說就很足夠。他們父女倆每天帶著我做的便當出門變成一件很重要的事，有時便當忘了擱在哪兒還會急忙到處找呢！那麼，中午到底有多期待吃便當呢？那只有他們自己才知道囉！

做便當的理念

　　用心製作的便當絕對可以滿足自己和家人的身心靈，利用食材的特性，發揮原型食材自有的風味，簡單烹煮和調味來設計便當菜，菜色美味又健康，讓吃便當成為一種期待。

🍲 色香味的撇步

　　台灣是美麗的寶島，我們有很豐富的農作物和畜產，繽紛色彩的蔬菜可以變化出很多美好的便當。

　　打開便當讓人想要流口水。那麼便當菜色一定要能吸人眼球，用的食材顏色要豐富，這個部分交給副菜就可以，很多天然食材和蔬菜可以提供紅、黃、綠三個顏色，我在副菜篇裡以蔬菜類別和顏色來分享，製作便當時，副菜只要掌握不同顏色搭配就很吸睛。

　　光聞到便當菜散發出來的香氣就感到飢腸轆轆。盡量利用食材特性來製作具有香氣的料理，這個部分除了要在主菜下功夫，還要使用具有天然香氣的食材，煸出食材的香味通常要靠火候，所以主菜雖然顏色不一定會很繽紛，但吃起來一定要有層次感，是美味便當的主角。

　　美味是料理便當和享用便當的人都期待的一件事。選擇優質的食材並下功夫做好一道風味極佳的主菜，搭配主食飽嘴又養胃，再配上簡單調味、清爽甘甜的副菜，口味均衡就是幸福又滿足的一餐。

🍲 食材新鮮很重要

　　除了接近用餐時間做好隨即親送的便當外，便當通常都是帶出門後都要放置一段時間，所以使用的食材一定要很新鮮，如果食材不新鮮，便當變質風險就會提高，本書後續會提到便當品質維護的做法讓大家參考。

　　肉類買回家一定要盡速分裝冷凍保存，料理前在適當的時間下拿出來解凍。葉菜類蔬菜買回家若菜葉較潮濕，建議先風乾一下再用有氣孔乾燥的塑膠袋、蔬果保鮮袋或大張紙包好冷藏，非葉菜類的蔬菜如豆子、秋葵和甜椒則建議把塑膠袋中的空氣擠出如真空包裝方式包緊冷藏，盡早料理，若是菜葉已經變黃變黑或出水，就不建議用來燒菜。

　　甜椒、胡蘿蔔盡量購買小個頭的一次用掉，若用不完的不要洗，保持乾燥冷藏或洗好切好瀝乾，裝入保鮮盒冷藏於2日內用完。豆腐一盒用不完，就把還沒用的豆腐裝入保鮮盒加些過濾水泡著2日內用完。

　　衛生是守護家人健康最基本不能忽略的條件，料理前用心清洗食材，料理過程中注意食材與烹飪品質，這樣完成的料理才能安心享用。

營養均衡是必須

仔細計算營養數據對一般家庭煮婦來說實在太困難了，但我們的長輩常常說有菜有肉有蛋就有營養。每天為自己或家人的便當設計一道肉類當主菜，三道做法簡單的副菜包含雞蛋和不同顏色蔬菜，我相信這均衡的營養絕對不會背離專家的建議，應該足夠為自己或家人補足繼續工作或學習的能量。

乾爽菜色保持衛生

有別於在家用餐，能將各式烹調完成的料理盛碗、裝盤並加以綴飾後端上餐桌的熱食或冷菜，我對於便當菜食材選擇和程序做法有些自己的堅持。考量便當盒裡一起裝入主食主菜和幾道副菜，卻要放置數個小時後才能食用，液體的醬汁或裝飾用的香草，我都盡量避免使用，這點是便當菜好吃和衛生很重要的撇步，除了麵條、燴飯或咖哩這類有需要醬汁的料理外，主菜副菜都盡量保持乾爽，一方面各菜色不會交叉混味，二方面也降低不同料理菜汁混雜可能導致變質的問題。

若料理比較潮濕容易出水，建議使用分菜盒避免發生上述問題。

份量適當不過量

建議確認份量後選擇合適的便當盒，若不習慣用食物秤可先將適量的米飯盛入飯碗後再裝入便當盒以免帶了過多的主食。不論是上班族在辦公室或是學生在學校，吃不完的便當變成廚餘都不方便處理，適當的份量不但能剛好吃完、吃進營養吃得飽，也不會造成不必要的資源浪費，媽媽太太們擔心家人吃不飽，把便當盒塞滿滿，結果害家人吃撐吃胖胖還被嫌，這個瘋狂行為千萬要三思啊！

自己帶便當好處多多，上班上學用餐不但省時、省力不必到處找吃的，自家料理的口味最習慣也少油、少鹽、少負擔。

我使用的便當盒

　　本書使用一大一小的便當盒共五套，每一套都可以使用在常溫保冷便當，金屬材質和琺瑯便當盒可用於蒸飯箱復熱，塑膠餐盒則可使用微波復熱。大的便當盒容量大約630ml～1000ml之間，小的便當盒介於325ml～450ml之間

　　我選擇的便當盒大多以輕便為主，因為我家帶便當的那對父女對這點很堅持，所以除了下排中間那套白色橢圓形琺瑯材質飯盒比較重之外，其餘的重量都很輕。

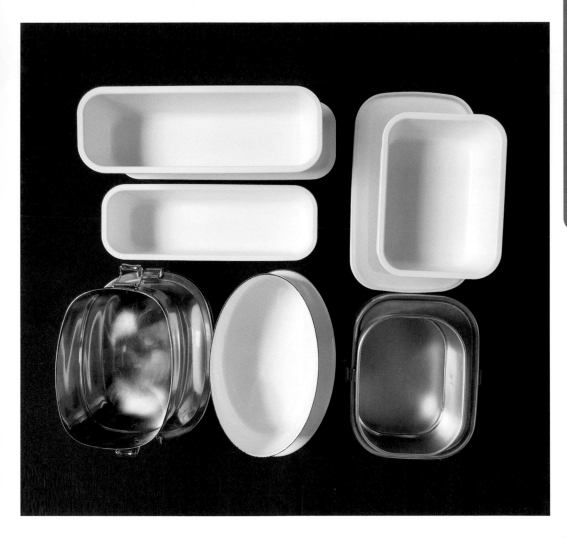

常用的調味料

　　我盡量用較少的調味料來烹調便當菜，副菜最常使用的是玫瑰鹽、黑胡椒粒和清酒，主菜會使用到醬油，偶爾會利用一些市售調好的醬料來增添風味，我家基本上都用橄欖油，因為油使用份量偏少，除了鮮少高溫燒油時會偶爾用堅果油，平時沒有多備其他種類的料理油。這些是我習慣使用的調味料，可以在超市、大賣場和烘培店買到，商家品牌只是提供參考沒有任何指定。

鹹味

健康美味鹽、玫瑰鹽、薄鹽醬油、鰹魚
醬油、昆布醬油、魚露

甜味

味醂、蜂蜜、冰糖

酸味

白醋、黑醋

香氣

花椒、八角、三色胡椒、七味粉、洋香
菜葉、白芝麻、黑芝麻、黑胡椒、白胡
椒、咖哩粉

酒香

米酒、花雕酒、清酒、紅葡萄酒、白葡萄酒

油品

橄欖油、麻油、香油、蒜油、辣油

醃料

鹽麴、芥末籽醬、美乃滋

其他

胡麻醬、黃金烤肉醬、海鮮干貝醬

本書使用的食材都是市面上容易買到的肉品、海鮮和當令作物、筆者在主菜設計盡量變化多元、口味豐富但作法簡單容易上手,而副菜則簡單調味、風味呈現清爽甘甜,希望透過便當主菜副菜和諧的搭配,能讓您製作的便當看起來很誘人,吃起來很驚艷,吃完之後身體沒有負擔,每組便當有提供❄或⚡食用的建議,希望這本料理書能對您有所幫助並符合您的期待。

沒有什麼比

料理的衛生

更重要！

Important

料理便當時若能注意本篇強調的重點並養成習慣，

您的便當品質就無須擔心了。

廚房新手們千萬不要錯過；

這篇重要的廚房衛生基本觀念喔！

生熟食處理原則

🍲 食材、食器分開處理

　　熟食是指已經煮熟可以直接食用的料理，比如準備組合的涼麵、燒好的牛肉、剛煮好的米飯或是盛好放一邊稍候要端上桌的炒青菜。而清洗乾淨後就可直接食用的食材也隸屬於熟食，比如水果、生菜、乳酪或堅果…等。這類已經煮熟或是可直接食用的食材比較沒有細菌汙染疑慮。

　　生食是指必須經過烹調才能食用的食材，這類食材離開冰箱後多半很快就會產生細菌，不論是清洗中、正在醃入味或已經分切好等下鍋的各種食材，都必須特別注意，這些生食附著的細菌可能會交叉感染熟食食材或食器。

　　所以生食和熟食一定要分開處理、分開放置，料理過程中，盛裝過生食的容器一定要立刻用清潔劑清洗乾淨擦乾或烘乾，而已經燒好的料理務必放在適當位置和生食隔開一段距離，若礙於空間不足，則務必避免正在處理中的生食因為動作不當交叉接觸或將醃料濺入於熟食中。

生熟食分開擺放。

生熟食切忌放在一起。

🍵 洗手好習慣

　　除了生熟食材、食器分開放置的習慣外，接觸過生食食材或食器的雙手，如果要接著處理熟食也務必馬上用肥皂洗手並擦乾，確保料理過程每個環節都很衛生，讓我們一起養成好的料理習慣照顧自己和家人健康。

砧板和生熟食刀具

砧板分類

　　無論使用什麼樣材質，務必至少準備兩塊有辨別度的砧板。一塊用於必須烹煮後才能食用的食材比如生肉或是蔬菜，一塊用於已經煮熟的食材如滷牛腱和烤香腸。如果可以準備第三塊砧板是最好的，可用來切水果和生菜，但如果沒有第三塊砧板，水果和生菜可與熟食砧板共用，但務必在清潔狀態下使用。

砧板清潔

　　每次使用生食砧板之前，一定要先用自來水將砧板沖濕，避免乾燥的砧板吸入生肉或蔬菜流出的汁液，時間久了砧板容易產生異味。建議先切蔬菜再切肉類，若先切肉類，每次切完肉類務必立刻清洗砧板再切蔬菜，備料完成後徹底用清潔劑清潔砧板，直立放置並風乾。

　　使用熟食砧板，切完一種食材務必清洗並用紙巾擦乾砧板再切另一種食材，這樣才能確保便當衛生品質。還有一點值得注意，如果砧板已經傷痕累累很多凹痕，建議更換一塊新的使用，這些長年留下來的凹痕如果沒有徹底清潔很容易藏污納垢、滋生細菌。

刀具分類

　　刀具跟砧板一樣，料理刀必須生熟食分開兩把使用，建議切水果和生菜再另外準備一把，衛生第一！

刀具清潔

　　清潔刀具也跟清潔切菜板同步，洗乾淨的刀具務必擦拭乾燥再使用，帶生水的刀具很容易滋生細菌，重要的料理工具必須隨時保持衛生才能確保食材的品質。另外，刀具要定期檢視其安全性，刀面若有缺角或刀把會搖晃無法修復時，也建議更換新的刀具使用，有瑕疵的刀具容易提高操作失誤風險，使用起來也不順手，在廚房辛苦做便當的我們應該要特別注意自身安全。

水果和生菜砧板

將生食砧板先沖濕，避免乾燥的砧板吸入生肉或是蔬菜流出的汁液。

生食砧板

熟食砧板

抹布使用與清潔

 抹布分類

　　廚房裡使用的抹布，我建議至少要有兩種並各準備兩套以上，一種擦去髒汙使用，另一種用來擦乾洗淨的鍋具和食器使用，每天輪流替換，千萬不要拿擦料理台的抹布擦盤子！這是在廚房一忙起來順手很容易犯的錯誤喔，一定要養成習慣分類使用抹布。

抹布清潔

　　抹布的使用很頻繁，一定要隨時清潔，流理台水槽邊可準備一塊肥皂或利用洗碗精來隨時搓洗抹布，隨時待命的抹布在搓洗乾淨後，最好可以吊掛在橫桿上晾著或在通風處風乾，千萬不要放在木質的菜板上或容易細菌交叉感染的物品上。另外我習慣把用來擦乾食器的乾淨抹布披在電鍋上面，每次蒸東西時候就消毒一下這塊抹布。

每日消毒

　　抹布恐怕是廚房裡細菌最多的物品，除了隨手清洗之外，建議每天廚房清理完畢收工前換上乾淨的抹布並將當天使用的抹布做消毒動作，我的處理方式也很簡單提供大家參考。準備一個不鏽鋼鍋專門來煮抹布用，鍋裡放入使用過的抹布，裝入水蓋過抹布，加入2大匙的小蘇打粉和1大匙的洗碗精，然後將水煮滾，要注意小蘇打遇熱會冒泡泡，火不要太大避免滾水和泡泡溢出鍋外，煮滾後可連續煮10分鐘，或煮滾後關火浸泡半小時再將抹布搓洗乾淨，清洗乾淨的抹布盡量擰乾並晾乾，隔天更換。

　　每天廚房開工都使用消毒後晾乾的抹布，消毒後的抹布細菌歸零，沒有異味，做料理也更衛生更周全。

建議抹布至少要準備兩種各兩套以上。

利用電鍋蒸東西時順便消毒抹布。

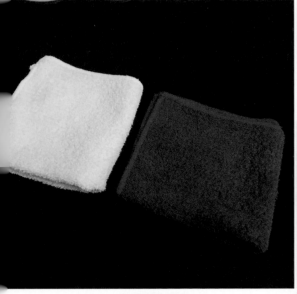

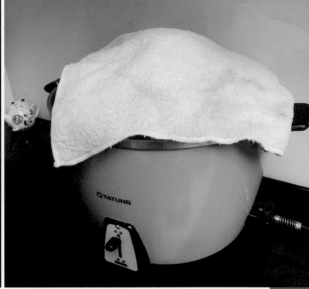

在水裡加入小蘇打粉和
洗碗精加熱幫抹布殺菌
消毒。

將抹布吊掛於橫桿上，
並在通風處風乾晾著。

料理檯清潔

　　不知道大家做料理的時候，習慣怎麼整理料理台？建議廚房新手剛開始不熟練並顧及安全的因素下，燒完每道菜趁瓦斯爐台還溫熱時，可順手擦拭一下料理台，而我燒菜時會利用零碎等待燜菜或煨菜的時間，用乾淨的抹布擦去鍋裡噴到爐台或牆面的油漬和

湯汁，擦拭過後會馬上再清洗抹布，這動作會持續直到全部的菜都燒好。這樣隨手的擦拭習慣可以讓廚房保持清潔，在燒好一頓飯菜之後，廚房很容易整理。若等到所有料理都完成再擦拭料理台，噴濺出來的油漬和湯汁可能已經冷卻變乾不容易擦拭，建議可使用熱水清洗抹布後再擦。

　　另外，若是等待燜煮的時間足夠清洗水槽裡的容器，我也會一邊燒菜一邊洗淨鍋碗瓢盤，慢慢分次清洗，等燒完一頓飯或做好便當時，水槽裡使用過的容器碗盤也都洗好放到烘碗機裡了。

隨手擦拭的習慣可以讓廚房保持清潔。

善用夾具組裝便當

分菜夾

做好便當菜後除了使用筷子來裝便當外，我覺得比筷子更好用的是前端接觸面積較小的分菜夾。小夾子把菜夾入便當盒時很好施力，還可以順便調整一下放置菜的位置。我比較常使用的有右圖這三種，最常用的是短夾，較長的夾子是用來夾深鍋裡的滷肉，洗好的分菜夾我習慣置於烘碗機內保持衛生，直接取用也很順手，千萬不要用手來抓燒好的便當菜，不論手是否洗淨，很容易不小心把細菌帶入便當中。值得注意的是如果要取用冷藏在冰箱裡的常備涼菜，一定要用乾淨乾燥的筷子或分菜夾夾取，如此才能避免汙染整份常備菜的風險，用過之後要換另一雙筷子或分菜夾來夾剛燒好的熱菜。

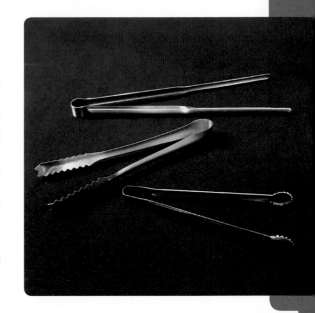

鑷子

想要完成一個美美的便當，一定要準備一支不會生鏽又衛生的鑷子，用來夾微小的食材比如黑芝麻。黑芝麻裝飾便當簡單又有趣，這時使用鑷子就能有效率地完成任務。

這些衛生觀念都準備好了，我們可以開始來規劃便當了。

啥？

沒做過便當！

おいしい!!

對於便當新手來說，準備便當可以很隨興也可以很講究，把喜歡的食物裝入便當盒就是便當啦！但若想要帶一個美味、營養又幸福的便當，是需要花些心思準備的，建議先評估什麼時段和多少時間可以製作便當，若清早有足夠時間可以準備常溫保冷便當帶去公司或學校，只要適當注意保持衛生，不必復熱，保冷的便當菜色氣味不會交叉影響，雖是冷冷吃，每道菜卻能保有料理原本風味，午餐時間也可以大啖美食。要是一早沒時間準備便當，那麼前一晚來準備也可以，不過做好的便當菜要先冷藏，吃之前必須加熱確保衛生，若是微波復熱，微波後的菜色較不容易改變，口味變化差異也較小，但學生帶便當大多用蒸飯箱復熱，有些菜色就不適合，比如涼拌菜或是容易軟爛的蔬菜，依據家人存放或復熱便當的條件，配合食材特性來製作便當是最好的。

我婚後一直都有下廚做料理，但第一次在清晨做便當時卻非常非常緊張，從洗米煮飯、洗菜切菜下鍋要在一個小時內完成兩個便當真的分秒必爭，深怕女兒要出門上學了，便當來不及完成。經過好幾個月緊張刺激和時間賽跑，我被自己嚇出很多方法來提升效率，現在我已經能非常從容地準備便當，希望透過分享我做便當的經驗能帶給讀者一些幫助。

若您想在清早製作常溫保冷便當，以下幾點方法供參考：

規劃菜單並記錄

運用有效率的方式事前規劃菜單並清楚記錄下來，一早踏進廚房先查看筆記再動作，能降低錯誤節省時間。

1飯糰。2豆皮壽司。3細卷壽司捲。4煎餃。5飯糰。6麵或粉。7飯。8拌飯。

蝦/海鮮。雞。豬。魚。雞。豬。

豆皮蛋。煎蛋。玉子燒。♥烤蛋。水煮蛋。溏心蛋。滷蛋

♥三明治。捲餅。熱壓網。口袋。貝果。漢堡。熱壓機。

豆皮蛋。煎蛋。玉子燒。♥烤蛋。水煮蛋。溏心蛋。滷蛋

這是我最原始用手機記事本選擇便當菜色種類的方式。基本有一道主食，一道主菜，一道蛋料理，再搭配季節蔬菜，清楚標示盡量避免連續重複來變化不同類別與口味。

🥣 主菜、配菜和主食搭配

　　根據自己和家人的喜好先設定便當菜組合，主菜和副菜的比例，以及是否需要準備主食。我的便當組合是以一道主菜搭配三或四道副菜加上一道主食為主，副菜通常會有雞蛋，大部分便當按設定的組合來準備會更有效率且完整，這裡特別提出我個人對便當菜一個小堅持，常溫或復熱便當，我不喜歡用生菜，若喜歡吃生菜的朋友，一定要將生菜用食用水清洗乾淨並盡量擦乾避免變質。

🥣 記錄類別並定期更換

　　接下來就來把菜單做分類，主菜分為豬牛雞和海鮮，若家人不吃牛或不吃那一類肉品就自己設定類別。主食也一樣分類比如米飯、麵、水餃煎餃或壽司，喜歡便當有雞蛋，就把不同雞蛋料理分類。接著做好一個表，主菜和主食類別輪替更換口味，避免連續重複，讓便當多樣化也增添吃便當的期待。蔬菜的種類比較多元，建議隨機彈性調整，在前一晚備料時一起準備就可以。

例：

主食：米飯、麵（米粉）、煎餃、壽司、飯糰

主菜：豬、雞、牛、海鮮、無肉

雞蛋：溏心蛋、煎蛋、荷包蛋、玉子燒、滷蛋、蛋捲

2020年3月11日 18:54

A. 便當
1. 鹽焗黑胡椒雞胸
2. 紅藜藜檸檬白蝦（魚露、藜麥、檸檬、蜂蜜、九層塔）
3. 蘑菇、小番茄、芽球甘藍（芥末籽、玫瑰鹽、黑胡椒）
4. 溏心蛋
5. 鮭魚稻荷壽司（小米、糙米、鮭魚、蔥花、黑芝麻、豆皮）
6. 南瓜小米紅藜稻荷壽司
7. 蔥花櫻花蝦糙米小米稻荷壽司（櫻花蝦、蔥花）

B. 水果
1. 鳳梨
2. 蓮霧
3. 奇異果

🥣 確定菜單

　　做便當的前一天就先想好，隔天主食要吃什麼？主菜要吃什麼肉？雞蛋要怎麼燒？冰箱有沒有庫存？是否需要去超市補貨？事先在腦袋中想好菜單，千萬別一大清早才想，光想加上發呆就會浪費15分鐘，上班上學要來不及啦！確認菜單後也要把每道菜的食材都寫出來。

預想料理順序與擺盤塗鴉

菜單和食材都確認清楚後，可以開始預想怎麼順利完成這些料理。

2019 年 3 月 6 日 13:40

鮭魚龍貓飯糰
食用米飯1
A.鮭魚片60克 🖤鮭魚退冰 🖤豆皮退冰
A.蔥花50克 🖤蔥花切碎
A. 1湯匙黑芝麻
❀蒸飯、蒸豆皮、蒸竹輪
❀先預熱烤箱 烤雞肉捲
❀燜炒蔬菜
❀煎鮭魚
❀炸漢堡排
❀煎玉子燒
❀煮湯 紫菜 蘑菇 蛋花

漢堡排 🖤打麵包粉 🖤煎漢堡排
雞肉捲 醃豆 紅蘿蔔 🖤捲好醃好 加酒加油
　(鋁箔包起來180度烤20分鐘)
玉子燒_竹簾
竹輪香腸 🖤煎好香腸塞入
蔬菜：花椰菜 秋葵 黃椒 🖤菜整理好

菇菇味增湯
　(蘑菇 紫菜 蛋花_) 🖤蘑菇切好

2019 年 3 月 11 日 22:49

1. 蒸：飯 一顆梅子
2. 煎：吻仔魚、青醬雞塊
3. 煎：厚蛋燒
4. 炒：豆莢甜椒 🖤
5. 炒：吻仔魚芥菜花 🖤
6. 蒸：竹輪、小黃瓜 🖤
7. 煮：黑珍珠菇小丸子湯 🖤

這是我之前在手機記事本裡做的筆記，列出菜單後，我習慣用紅色愛心來標示可以提前備料的項目，並把一早要動作的流程順序先簡單列出來。

當然這是我自己看得懂的天書啦！您可以用自己習慣的工具來規劃製作便當的流程格式，用很正式的表格也可以。

☕ 料理順序

　　把起床後清早要製作的料理順序提前排出來，如果早上只有一個小時要完成便當並放涼，為了不疾不徐地順利完成便當，這點非常重要，務必一進廚房就開始作業，比如先預熱烤箱，開火煎玉子燒，然後汆燙青菜，再把醃好的雞肉送進烤箱等等，浪費任何時間只會越煮會越緊張呀！

☕ 筆記提示

不能只在腦袋裡想好，務必作筆記註記順序編號，一進廚房看到就馬上按照筆記來進行。除了順序，我還會在菜單上做記號來區別料理方式，可以清楚看出是烤、煎、還是蒸……等等，確保料理時沒有一時慌亂破壞計畫中的美味。

☕ 便當菜餚擺盤

再來就是擺盤，便當空間有限，要怎麼把喜歡的菜餚適當地擺入便當盒並看起來很美味，一定要經過練習，但一早沒時間練習啊！所以務必在心裡先練習是最好的辦法。我來傳授一個小撇步，就是固定形式求效率，我剛開始做便當時，把主菜、副菜和雞蛋的位置都固定，無論什麼蛋料理，都放在便當盒右下角，每天早上完成料理後，我就不用花腦筋去想如何擺盤，等一切上手，擺盤就能輕鬆駕馭啦！

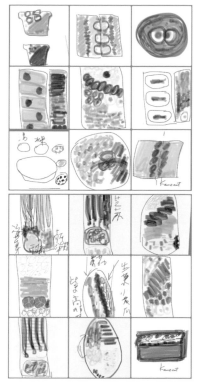

☕ 塗鴉記錄

有些主菜形狀比較難擺，前一晚我會先想好要把它擺在哪兒，當然也要記下來，不然一早很容易忘記，把確認好的菜單先畫一個便當在手機記事本裡，鬼畫符般的便當塗鴉只有我自己看得懂，說實在有時候自己亂畫還常常看不出來，但總比擺來擺去擺不好而浪費時間好得多。

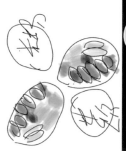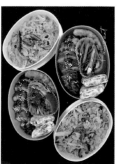

這些都是我剛開始做便當時的塗鴉，畫得實在不堪入目，但真的有節省到時間，所以就硬著頭皮放上來給大家參考。

提前備料

這點對一早起床做便當的煮婦們至關重要啊！

菜單確認好了，便當怎麼擺也有概念了，再來就看有哪些食材可以提前備料。千萬別跟我剛做便當一樣，一早才從頭開始簡直自找麻煩啊！

🍲 食材前置作業

比如善用電子鍋預約煮飯，一早進廚房就把煮好的米飯裝入便當盒並蓋上一張烘培紙擱在一邊放涼，米飯通常涼的最慢，早點放涼有助於早點完成便當組裝。蔬菜可以先洗乾淨切好，個別分裝冷藏，隔天只要直接開火下鍋省去很多時間，而主菜肉類前一晚先洗好切好醃著，一早看是要蒸要烤還是要煎，提前備料大大省去作業時間，做便當完全不慌亂。

🍲 半成品準備

有些料理甚至前一晚可準備到半成品階段，例如烤雞腿排，先烤到七分熟或八分熟，隔天早上再塗上醬汁回烤、下鍋乾煎或用醬汁煨過，輕鬆完成美味主菜。又例如前一晚先把蝦子去頭去尾開背去腸泥洗乾淨，先乾煎到七分熟，義大利麵的番茄紅醬也先炒好，隔天一早只要花十分鐘把義大利麵煮好，然後將麵撈出來放到平底鍋裡跟蝦子和醬汁煨到麵入味，簡單調味一下就完成鮮蝦義大利麵啦！這道義大利麵只要15分鐘就可以完成。

製作流程

製作便當的流程看似繁瑣，只要常常操作就會熟練，養成好習慣後就不用靠筆記了。

🍲 菜單和順序照表操課

建議便當新手還是按照自己事前的計畫來製作每天的便當，這是完成心中理想便當並節省時間最有效的方法，我的慘痛經驗是以為自己起床後會記得前一晚想好的一切，但常常切好的蔥忘了下鍋，要煎蛋卻發現冰箱裡沒有雞蛋了，提前規畫菜單並確認家裡有需要的食材，做便當時真的會很順手順利。

主食與菜色分隔

　　便當菜盡量乾爽，若有些微湯汁或菜汁，請務必使用分菜盒或是食物紙來區隔飯菜，避免湯汁影響其他菜色或造成主食潮濕，日本的媽媽們很常使用萵苣葉類生菜來隔開便當菜，我個人比較少使用，如果常溫保冷便當要用生菜，務必用食用水把生菜洗乾淨並徹底擦乾再使用。至於便當擺盤，我普遍有兩種模式，一種是把米飯先裝入飯盒，再把便當菜疊在飯上面，另一種是米飯和便當菜並排擺放。若主食是飯糰，建議用食物紙隔一下，比較不會影響飯糰的風味。

用食物紙將飯糰與菜隔開避免飯糰潮濕。

將不容易出水的菜先鋪底，上頭再鋪上主菜。

米飯直接鋪一層在便當盒底，上頭再擺上各式菜色。

也可以把飯塑形成階梯狀，這樣裝好便當，米飯會露出。

下飯的主菜可以直接鋪在米飯上。

再將副菜一一填入，可以先從不易晃動的菜色先放。

註：食物紙指的是各式可用來料理或包裝食物的紙張，比如烘培紙或防油紙托。

🍲 便當擺盤示範

1 先把飯填入固定位置。

2 先放入半顆白煮蛋，因為旁邊沒菜時，若疊上另一半白煮蛋容易滑落。

3 飯上面鋪上主菜。

4 左側填上不同副菜並放入另一半白煮蛋。

5 繼續填上剩餘副菜。

6 最後將剩餘主菜鋪入便當空隙即完成。

🍲 便當冷卻才蓋上

將所有燒好的便當菜都裝入便當盒後，絕不能立刻蓋上便當蓋，一定要等飯菜放涼才可以蓋上便當盒。熱熱的飯菜會產生水蒸氣，如果飯菜還熱熱的就蓋上便當，水蒸氣沒有散掉，形成的水珠很容易讓便當菜變質。如果時間來不及讓便當自然冷卻，建議讓便當吹電扇或像我一樣在狗急跳牆時，將裝好的便當泡入冰水中急速冷卻，但操作時要很小心，千萬不要讓水濺入便當裡，冷卻後也要小心翼翼地把便當盒外側水擦乾。

🍲 維護便當品質

放涼便當菜後，終於可以蓋上便當了，這時別忘了用綁帶把便當綁緊後，放入一個大小合適具有保溫效果的便當袋裡，並在便當上方放置足夠保冷的保冷劑，拉上便當袋拉鍊，確保便當可以低溫保冷衛生無虞，一直涼涼地放到中午，這點也可以常常與家人確認，詢問中午用餐時，保冷劑摸起來是否還涼涼的？另外，便當綁帶是有必要的，我小女兒曾經把便當從便當袋裡拿出來時手滑，當時便當沒有綁帶，便當掉在地上蓋子自然翻開，接著就發生悲劇了。而太大的便當袋會讓保冷的效果變差，這點要注意喔！

最後小提醒，便當若是前一晚做好的，隔天從冰箱取出後，吃之前一定要重新加熱，如果只能在家裡復熱後才帶出門，那也必須完全冷卻後裝入保溫袋並加上保冷劑才不會有便當變質的問題。

※ 筆者囉嗦一大堆真是辛苦大家了，接下來我們就來做便當囉！

來做
便當吧！

おいしい!!

油蔥鹽麴雞胸便當

用蒸的鹽麴雞胸，料理起來很輕鬆，
搭著鹹香的油蔥一起吃，雞肉口感清爽卻富含蔥香風味，
是道酷熱夏天消暑的主菜。
另外，務必用醃豆墊高可愛的雲朵太陽蛋，
煎蛋時只要多一道工序就能增添吃便當的樂趣。

保冷

復熱

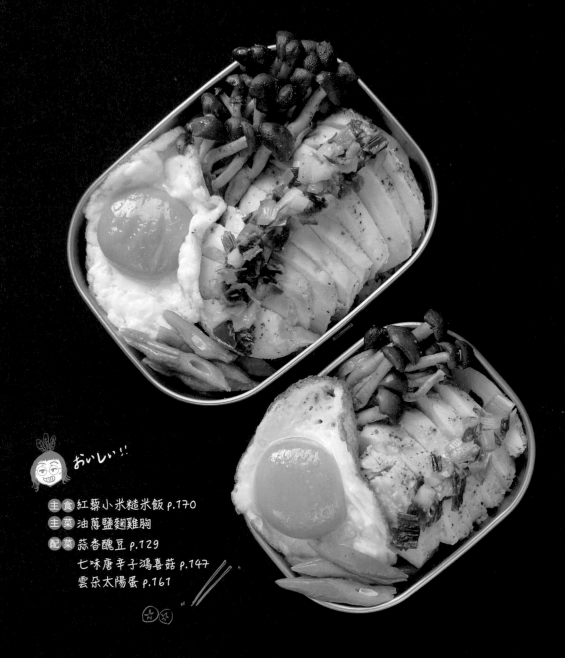

おいしい!!

主食 紅藜小米糙米飯 p.170
主菜 油蔥鹽麴雞胸
配菜 蒜香醃豆 p.129
　　 七味唐辛子鴻喜菇 p.147
　　 雲朵太陽蛋 p.161

油蔥鹽麴雞胸

🥘 材料（2人份）

清雞胸肉…2 個（330g）
蔥…50g
薑…10g

調味料
橄欖油…1 大匙
鹽…1/4 小匙

醃料
馬告鹽麴…1.5 ～ 2 大匙
清酒…1 小匙
黑胡椒粒…1/4 小匙

📋 作法

1 薑塊磨成薑泥，青蔥切成蔥花。
2 雞胸肉不切直接加入醃料抓勻後
　冷藏一夜。
3 平底鍋中小火放入油稍微燒熱，
　轉小火倒入蔥花拌炒。
4 炒出蔥香味後加入薑泥和鹽翻炒
　即完成油蔥。
5 將擦乾後的雞胸肉放入電鍋蒸
　熟，放涼後切片，於雞胸肉鋪上
　炒好的油蔥即完成。

🍽 美味小撇步

● 鹽麴可使雞胸肉肉質變軟嫩，也可使用原味鹽麴來替代。
● 鹽麴品牌鹹度不同，請自行調整用量。
● 油蔥會稍微偏鹹，如此搭配蒸好的雞胸肉鹹度較適宜。
● 平常可多買一點蔥洗淨晾乾後切成蔥花，蔥青和蔥白分裝裝
　入夾鏈袋冷凍，平常取用很方便，請參考 P.188「食材增香小
　技巧篇」。

泰式百菇拌雞絲便當

這道清爽的泰式百菇拌雞絲是夏天非常消暑的一道涼菜，
雖然食材種類較多但非常容易準備，料理起來也完全沒有難度。
雞絲和菇菇吸滿微辣酸甜醬汁，加上各式菇類口感爽脆，
吃多也不擔心攝取過多熱量。
這一組便當刻意將主食減少，增加主菜來飽足，一吃就上癮喔！

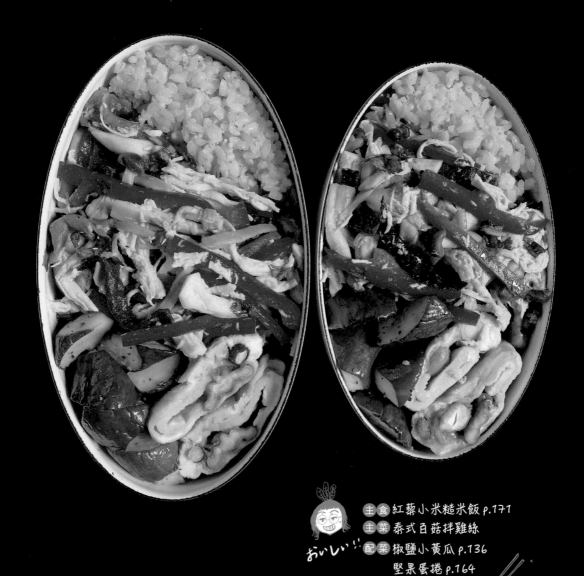

主食 紅藜小米糙米飯 p.171
主菜 泰式百菇拌雞絲
配菜 椒鹽小黃瓜 p.136
　　 堅果蛋捲 p.164

泰式百菇拌雞絲

材料（3 人份）

清雞胸肉…300g
鴻喜菇…120g
杏鮑菇…80g
袖珍菇…60g
香菇…25g
木耳…40g
彩椒…100g
辣椒…10g
香菜…15g

醬汁
魚露…1 大匙
蜂蜜…1 大匙
檸檬汁…檸檬 1 顆擠汁
白胡椒…少許
香油…1/2 大匙（或省略）

醃料
米酒…1 小匙
白胡椒…少許

殺青醃料
糖…少許
鹽…少許

作法

1 雞胸肉用醃料醃半小時，放入電鍋
　蒸 15 分鐘，放涼剝成雞絲。
2 鴻禧菇切除根部剝開、杏鮑菇剝成
　粗絲，剩餘材料也都切絲。
3 平底鍋中火不放油，將所有菇類放
　入乾煸，待菇類水分都去除後盛起
　放涼。
4 彩椒絲裡加點鹽和糖醃上半小時殺
　青擠出水。
5 取大碗放入所有處理好的食材，加
　入醬汁拌勻即完成。

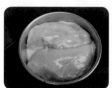

美味小撇步

- 大部分的菇類不需要清洗，用刷
　子刷去一些雜質即可。
- 這道料理菇類份量較多，乾煸時
　間較長，一定要盡量煸乾，菇類
　口感才會脆，便當也不會潮濕。

- 泰式涼拌經典口味常加入冰鎮過
　的洋蔥絲，考量便當外帶品質，
　我這道沒有使用。
- 調味只是參考，可依據自己喜好
　調整，我個人偏愛酸會多加點檸
　檬汁。

保冷

復熱

木須雞柳便當

鹹香下飯的木須肉，用雞柳來燒也一樣美味而且熱量較低一些。
喜歡雞肉軟嫩單純的口感可以做一個這樣的便當，
搭配清爽的蔬菜，無論是常溫或復熱過後都非常可口。

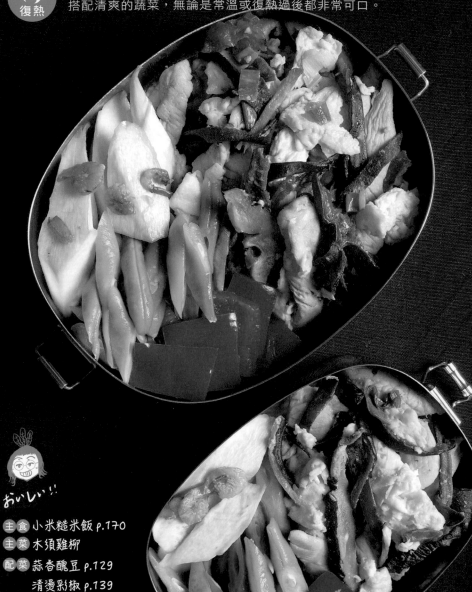

おいしい!!

木須雞柳

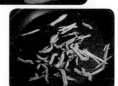

材料（2人份）

清雞胸肉…300g
雞蛋…2 顆
木耳…60g
乾香菇…15g
蔥…25g
老薑或嫩薑…15g

調味料
橄欖油…1 大匙
薄鹽醬油…2 大匙
冰糖…1 小匙
米酒…1 大匙
香油或麻油…1 大匙

作法

1. 雞胸肉剖半切粗絲成雞柳，乾香菇泡冷水變軟後切絲，木耳、薑也切絲，青蔥切蔥花。
2. 雞蛋打成蛋汁，平底鍋放入 1/2 大匙的橄欖油，中火油燒熱下蛋汁，用料理筷或鍋鏟迅速將加熱中的蛋汁撥動幾下不需要炒散，於嫩蛋約七分熟後先盛起。
3. 原鍋中小火再倒入剩下的 1/2 大匙的油來炒香薑絲和香菇。
4. 待香菇香味飄出，將雞柳、木耳倒入鍋裡，加入米酒翻炒。
5. 雞肉變色後加入冰糖和醬油翻炒，並保持中小火讓雞肉煨入味，注意火不要太大肉會燒焦。
6. 最後加入嫩蛋、蔥花和香油翻炒並將嫩蛋稍微炒散即完成。

美味小撇步

● 木須指的是嫩嫩的炒雞蛋，顏色像桂花一樣，這道菜香滑的嫩蛋搭著鹹香雞肉一起吃是美味的關鍵，喜歡蛋香可以多加一顆蛋，但務必最後才把滑好的嫩蛋加入料理中翻拌，蛋炒太久變老就不好吃了。

古早味烤香腸便當

台式香腸是大家很喜歡的古早味，也是很普遍的台灣小吃，
也是一道很容易準備的便當主菜，
對於便當新手來說，市售的香腸是一道很容易準備的便當主菜，
搭配簡單的毛豆、雞蛋、豆皮壽司就可以完成一份豐盛美味的便當。

保冷

復熱

おいしい!!

主食 毛豆雞蛋豆皮壽司 p.176
主菜 古早味烤香腸
配菜 胡麻醬秋葵 p.131
　　 蒜香彩椒絲 p.138
　　 南瓜茄子 p.155

古早味烤香腸

材料（2人份）

高粱酒香腸⋯3 條

調味料

無

作法

1 取一烤盤鋪上烘培紙，放上香腸。

2 烤箱上下火以攝氏 180 度預熱後，
　先烤 8 分鐘，翻面再烤 8 分鐘。

3 稍微放涼切斜片即完成。

美味小撇步

● 烤出來的香腸外膜會乾乾焦焦的，比用煎的或蒸的香腸口感
更扎實。

● 如果要改用平底鍋煎，建議蒸熟後再放到平底鍋周圍，以中
小火慢煎至外皮焦酥會比較有效率。市售香腸含有糖分很容
易燒焦，請務必注意火候。

保冷

復熱

醬燒赤肉便當

這款便當的主菜和副菜料理方式都非常簡單，
主菜醬燒赤肉鹹鹹甜甜很下飯，也很適合上餐桌，
廚房新手操作起來會很有成就感，很值得試試呢！

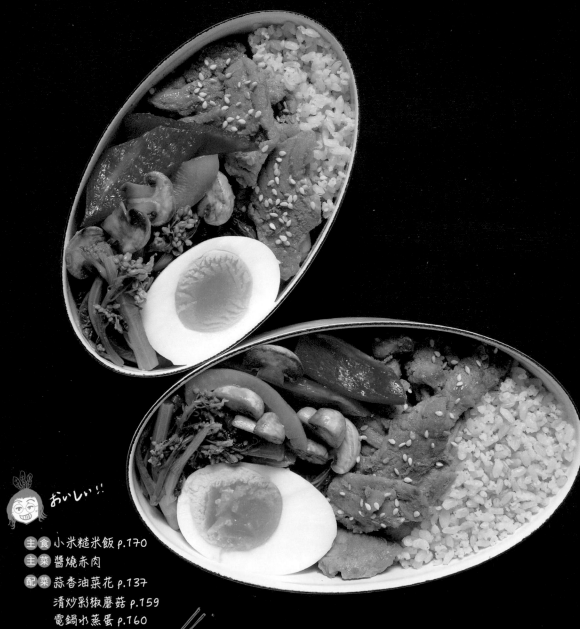

おいしい‼

主食 小米糙米飯 p.170
主菜 醬燒赤肉
配菜 蒜香油菜花 p.137
　　 清炒彩椒蘑菇 p.159
　　 電鍋水蒸蛋 p.160

醬燒赤肉

材料（2人份）

大豬腱肉（俗稱老鼠肉或圓肉）…300g

調味料
橄欖油…1/2 大匙
白芝麻粒…1/4 小匙

醃料
黃金烤肉醬…2 大匙
清酒…1 小匙

作法

1 豬肉切適口大小薄片，用醃料抓一抓並醃上半小時。

2 平底鍋中小火放入橄欖油，將肉片下鍋，肉片邊煎會開始出水。

3 肉片底下那面煎熟後可翻面，轉大火，待收乾湯汁後，繼續翻炒並乾煎。

4 起鍋前撒入炒香的白芝麻即完成。

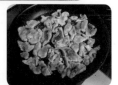

美味小撇步

● 俗稱老鼠肉或圓肉的大豬腱肉口感軟嫩，就算過度烹煮肉質也不會柴。

● 這瓶烤肉醬不死鹹，肉也可以不需要先醃，可以略過步驟 1 中醃肉的步驟，或於步驟 3 時再加入這款烤肉醬收乾湯汁也可以。

● 豬肉攤其實也有提供幫忙片成小片的服務喔！

保冷

復熱

醋漬嫩薑燒肉便當

台灣每年五、六月大量採收的嫩薑纖維少、口感爽脆多汁、薑味清雅不辛辣，
不但具有發汗去濕功效，泡醋後切片炒肉是一道風味清爽獨特又非常下飯的主菜，
搭配幾道簡單的副菜，新手也能做出一款風味絕佳的時令便當。

おいしい‼

主食 小米糙米飯 p.170
主菜 醋漬嫩薑燒肉
配菜 烤南瓜片 p.141
　　 金沙拌苦瓜 p.142
　　 番茄堅果炒蛋 p.156

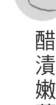

醋漬嫩薑燒肉

🍲 材料（2人份）

火鍋梅花肉片…250g
醋漬嫩薑…50g

調味料
橄欖油…1/2 小匙
鰹魚醬油…2 大匙

🍳 作法

1 梅花肉片切成適口大小，醋漬嫩薑切成薄片。

2 平底鍋中小火放入橄欖油，先下醋漬嫩薑片，薑片飄出香味即可下豬肉片。

3 肉片炒至水份收乾並有些焦黃，倒入鰹魚醬油翻炒，待收乾湯汁即完成。

🍽 美味小撇步

● 本書 p.193 有提供醋漬嫩薑食譜，若來不及按照食譜製作，也可以臨時簡單處理，將切好的嫩薑片用一點醋和糖醃上半小時後再來炒肉也可以的。

牛小排 BBQ 便當

保冷 **復熱**

看到 BBQ 會想要來杯冰啤酒嗎？油花分布均勻的烤牛小排吃起來軟嫩多汁，
串著清甜的櫛瓜和水果彩椒，每一口都有好滋味好滿足！
溫馨提醒，上班不能偷喝啤酒、18 歲以下禁止飲酒。
看起來很豐盛的便當其實做起來超級簡單呢！
即使是小份量的歐吉桑便當，牛小排烤肉串也一樣給足，
這個美美的便當一定能吃得過癮也給你帶來好心情。

おいしい!!

主食 小米糙米飯 p.170
主菜 牛小排 BBQ
配菜 水燙球芽甘藍 p.132
　　 紅酒煨蘑菇 p.148
　　 起司滑蛋 p.161

牛小排BBQ

材料（2人份）

無骨牛小排…230g
紅水果彩椒…80g
黃水果彩椒…80g
綠櫛瓜…120g

調味料
橄欖油…少許
玫瑰鹽…1/2 小匙
黑胡椒…少許

作法

1. 墊高牛小排完全退冰，避免牛肉泡在融化的血水裡，牛小排先不切，蔬菜都分切成片狀。

2. 取烤盤鋪上烘培紙，將牛小排和切好的蔬菜鋪排好，牛小排不調味，蔬菜噴上少許油，櫛瓜撒上玫瑰鹽和黑糊椒。

3. 烤箱以攝氏 210 度預熱後，將牛小排和蔬菜都送入烤箱，烤 8 分鐘後先取出蔬菜，牛小排翻面繼續烤 7 分鐘。

4. 因為是常溫保冷便當，牛小排取出後放涼再切片，撒上玫瑰鹽和黑胡椒。

5. 竹籤依照飯盒大小截取合適長度，最後將牛小排和蔬菜用竹籤串起即完成。

美味小撇步

- 用烤箱來烤牛小排，成品會比較不油。
- 牛小排也可以先撒上鹽靜置 30 分鐘後，用鐵鍋先大火煎焦表面再放入烤箱以攝氏 180 度烤 8 分鐘，將烤好的牛小排撒上黑胡椒放涼後再切，肉汁才不會流掉。
- 水果彩椒甜度很夠不用調味也很清甜。

保冷

復熱

香蔥牛肉絲便當

熟悉的老便當盒，是我這一輩小時候總在用的那一款。
看起來像是各類食材拼裝起來的便當，不但營養均衡而且準備起來也非常省力。
透過簡單的烹調不需要特別高強的廚藝也可以享用美味可口的一餐。
來一口牛肉絲，在心裡喃喃「我愛蘆筍也愛櫛瓜」，開心吃沒負擔！

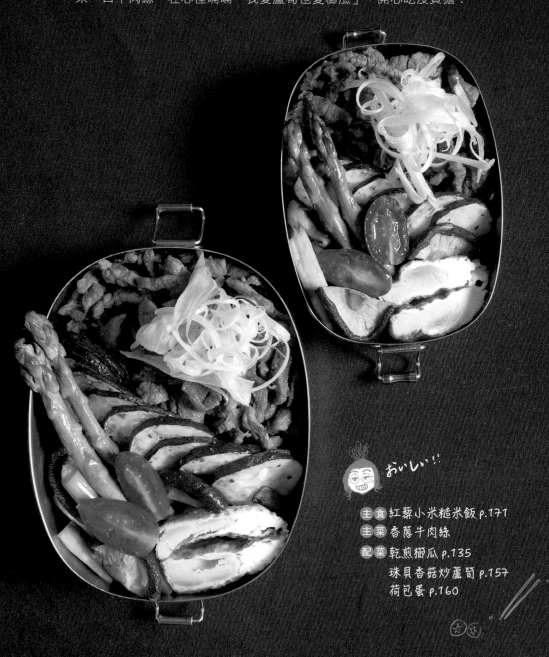

おいしい!!

香蔥牛肉絲

材料（2人份）

牛肉絲…300g
青蔥…40g

調味料
橄欖油…2 小匙
冰糖…1/2 小匙

醃料
鹽麴…1 小匙
薄鹽醬油…2 大匙
味醂…1 小匙
清酒…1 小匙
檸檬汁…少許

作法

1 牛肉絲用醃料抓均勻後醃隔夜或至少醃上半小時。
2 青蔥 20g 切段備用，另外 20g 刨成細絲或切絲泡入冰食用水 15 分鐘。
3 平底鍋中小火放入橄欖油，將蔥段下鍋爆香蔥油後將蔥夾出。
4 轉大火，倒入醃好的牛肉絲並加入冰糖和部分蔥絲快速拌炒，牛肉絲變色後可起鍋。
5 吃的時候再拌入少許蔥絲。

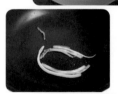

美味小撇步

● 便當菜盡量保持乾爽，醃肉的容器裡剩餘醃料切勿一起倒入鍋中，這樣才能快速收乾湯汁。
● 若不排斥加點太白粉在醃料中，肉絲炒起來會更軟嫩，但我準備的便當菜比較少使用芡粉，目的是希望冷便當的菜色盡量保持乾爽。

保冷

復熱

塔香小管便當

澎湖小管鮮甜又爽脆，善用九層塔來提味，
這是一道非常快速就可以完成的美味主菜，便當新手也可以簡單駕馭！
一次吃很多隻小管，相信坐在隔壁的同學或同事也會流口水！

おいしい!!

主食 紅藜小米糙米飯 p.171
主菜 塔香小管
配菜 芝麻四季豆 p.128
　　　雪白菇彩椒炒豆干 p.152
　　　紅酒溏心蛋 p.166

塔香小管

材料（2人份）

澎湖夜照小管…10 尾
（300g）
九層塔…10g
蒜頭…3 瓣

調味料
橄欖油…1 小匙
冰糖…1 小匙
薄鹽醬油…1 大匙
清酒…1 大匙

作法

1 九層塔切細末，大蒜切片或切細末皆可，開小火，鍋裡放油先炒香蒜片。
2 倒入小管後轉中小火，接著放入調味料慢慢煨。
3 待小管熟透兩面都煨上色，再倒入九層塔翻拌即完成。

美味小撇步

● 九層塔最後才下鍋才能保有香氣。
● 新鮮的小管肉質爽脆 Q 彈，不要過度烹調，小火煨比較好控制火候。

おいしい!!

主食 紫蘇香海鹽飯糰 P.172
主菜 胡椒鳳梨蝦仁 P.129
配菜 蒜香白豆　　　P.　　
　　 紅酒水　　　　　P.　6

蒜蓉堅果蝦仁

🦐 **材料**（2人份）

去殼冷凍白蝦⋯9 尾
（200g）
原味堅果⋯20g
蒜頭⋯1 瓣

調味料

橄欖油⋯1 小匙
玫瑰鹽⋯少許
黑胡椒⋯少許

📖 **作法**

1 白蝦退冰洗淨，用廚房紙巾吸乾
　水分，大蒜磨泥。
2 中小火，平底鍋裡先放 1/2 小匙
　油把白蝦兩面煎到 8 分熟後盛起。
3 把平底鍋裡的水擦乾，再倒入 1/2
　小匙油把蒜泥炒香。
4 將八分熟蝦仁和原味堅果倒入鍋
　裡，撒點玫瑰鹽和黑胡椒簡單翻
　炒即完成。

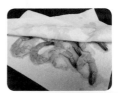

🍳 **美味小撇步**

● 蝦子和堅果都沾上蒜泥有濃濃蒜香，不加水也不加酒有著 Q
　彈鹹香口感。
● 去殼帶尾的蝦子退冰之後務必擦乾，煎出來的蝦肉才會 Q 彈。

黑胡椒雞腿排便當

雞腿排先煎、切塊再後烤方式可提高做便當效率，以便空出一個爐子進行別的料理，烤箱烤過的黑胡椒雞腿排一樣鹹香美味且一定會熟透，烤好之後可接著裝入便當。白花菜顏色比較不討喜；完成便當後可以撒點洋香菜葉裝飾一下增添視覺層次。

保冷

復熱

おいしい!!

主食 紅藜小米糙米飯 P.171
主菜 黑胡椒雞腿排
配菜 白芝麻毛豆 130
蝦末炒白花椰 29
荷包蛋 P.160

黑胡椒雞腿排

🍲 材料（2人份）
去骨雞腿肉…2 個
（300g）

調味料
洋香菜葉…適量

醃料
玫瑰鹽…1/2 小匙
黑胡椒粒…少許
米酒…1 小匙

📋 作法
1 去骨雞腿肉洗淨，用料理剪把脂肪和多餘的雞皮剪去。
2 雞皮朝下，用料理剪將雞肉裡的筋剪斷，也可以用菜刀斷筋。
3 雞皮朝上，用料理剪刀尖或叉子將整塊雞腿肉戳戳洞。
4 雞腿肉兩面用米酒拍一拍，接著兩面都撒上玫瑰鹽和黑胡椒粒，醃上半小時後把雞肉擦乾。
5 取一鐵鍋，鍋裡不放油中火把鍋燒熱，雞皮朝下煎上色後翻面再煎上色，雞肉不熟沒關係，上色後將之取出。
6 雞腿排分切小塊，照雞腿排原來形狀放在烤盤烘培紙上，每塊肉中間留點間隔。
7 烤箱上下火以攝氏 200 度預熱後烤 10 分鐘，撒上洋香菜葉即完成。

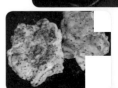

🍚 美味小撇步

● 下鍋前先將雞腿肉的脂肪去除，煎雞排時一來不會噴油，二來油脂少比較健康。
● 烤過的雞腿肉在高溫下會再被逼出一些油脂，吃起來更扎實些，若沒有烤箱可以將雞腿排直接煎熟再分切小塊即可。
● 使用鐵鍋高溫煎肉排，肉排表面更酥脆。

保冷

復熱

芥末籽烤雞胸便當

法式芥末籽醬微酸微嗆富有層次的滋味非常適合搭配肉類料理，
這顆色彩繽紛的雞胸肉便當，含有滿滿蛋白質，
也給了足夠的蔬菜，相信每一口都能感受到美好。

おいしい!!

主食 紅藜糙米飯 p.170
主菜 芥末籽烤雞胸
配菜 培根龍鬚菜 p.135
生切番茄 p.139
酸辣涼拌三絲 p.156

芥末籽烤雞胸

材料（2 人份）
清雞胸肉…2 個（300g）

調味料
無

醃料
法式芥末籽醬…1 大匙
美乃滋…1 大匙
鹽…1/2 小匙
清酒…1 小匙

作法

1 雞胸肉用攪拌均勻的醃料醃隔夜，或至少醃 1 小時以上，醃完容器內剩餘的醃料請別丟棄。

2 用烘培紙將醃好的雞胸覆蓋包好，烤箱上下火以攝氏 180 度預熱後先烤 15 分鐘。

3 打開烘培紙中將雞胸取出，放在新的烘培紙上，並將剩餘的醃料刷在雞胸上準備烤第二次。

4 烤箱上下火以攝氏 230 度預熱後，烤 5～6 分鐘，雞胸肉表面微焦即完成。

美味小撇步

● 加入美乃滋一起醃，雞肉烤起來軟嫩多汁，但美乃滋很容易烤焦，所以第一次用烘培紙包起來烤熟，第二次烤再上色。

● 除了用上述做法整塊雞胸進烤箱烤之外，也可以將雞胸肉分切小片先醃後煎，平底鍋中小火慢煎至雞肉兩面微微焦黃也非常美味。

● 各式烤箱品牌或機型溫度與設定有落差，請隨時觀察一下烤物情況調整自家烤箱條件。

酸甜紅藜雞腿塊便當

酸酸甜甜的去骨雞腿肉，口味稍微重一些是孩子配飯時十分受歡迎的主菜，
配菜盡量以無油來料理，因為飯量不多，
在蔥花荷包蛋下頭墊了一些四季豆把蛋撐高，
便當看起來滿滿很豐盛但熱量卻不爆棚。

おいしい!!

主食 紅藜糙米飯 p.170
主菜 酸甜紅藜雞腿塊
配菜 水燜四季豆 p.129
　　 烤小番茄 p.140
　　 乾煎松本茸 p.151
　　 蔥花荷包蛋 p.162

酸甜紅藜雞腿塊

材料（3人份）

去骨雞腿…3 個（400g）
煮熟紅藜…10g
木薯粉或太白粉…2 大匙

調味料
橄欖油…1 大匙

煨醬
黃金烤肉醬…2 大匙
味醂…1 大匙
白醋…2 大匙
糖…1/2 小匙

醃料
米酒…1/2 大匙
黑胡椒…少許

作法

1 雞腿排用料理剪去除脂肪，用剪刀尖或叉子在雞皮那面戳戳洞。

2 撒上醃料醃 30 分鐘。

3 用乾紙巾擦乾雞腿排，正反面裹上薄薄一層木薯粉並把多餘粉拍掉。

4 平底鍋中小火倒入油煎雞腿排，雞皮那面朝下煎到表皮金黃色，翻面再煎至上色，雞肉約七分熟即可。

5 取出雞腿排放在生食切菜板上，雞皮朝上，一隻手握緊刀，另一手拍刀背切 3 刀把雞腿排分切成 6 塊。

6 將雞腿塊放回原鍋，開小火，將煨醬混和均勻後淋在雞腿排上，兩面都煨一下讓醬汁入味。

7 最後撒上紅藜即完成。

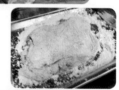

美味小撇步

● 這道料理是利用煎的焦酥的薄麵皮來巴住酸甜醬汁，務必擦乾雞肉，耐心慢慢把雞排煎焦酥。

● 紅藜很健康在這裡主要是增加賣相，不加紅藜改用黑胡椒或其他香料也可以。

保冷

復熱

芫荽番茄雞肉捲便當

喜歡香菜和番茄的朋友一定要試試這道芫荽番茄雞肉捲，
將芫荽和煨軟的番茄緊緊捲在雞胸肉裡，用烤箱烤熟雞肉捲再分切，
每一口都滿足又沒負擔，實在太適合帶便當啦！

おいしい!!

主食 紅藜糙米飯 p.170
主菜 芫荽番茄雞肉捲
配菜 椒鹽烤小黃瓜 p.136
　　 釀豆南瓜雪白菇 p.158
　　 家常溏心蛋 p.166

芫荽番茄雞肉捲

🍲 **材料**（2 人份）

清雞胸肉…2 個
（300g）
番茄…1 顆 200g
香菜（芫荽）…20g

調味料
橄欖油…1/2 大匙
鹽…1/4 小匙
冰糖…1/4 小匙
黑胡椒…少許

醃料
鹽麴…1.5 ～ 2 大匙
清酒…1 小匙
玫瑰鹽…少許
黑胡椒粒…少許

📋 **作法**

1 雞胸肉用醃料醃隔夜，鹽麴要入味一定要醃隔夜，如果醃的時間太短建議醃料中要再加少許鹽。

2 番茄切丁，平底鍋中小火，鍋裡倒點油，先下番茄丁炒出番茄紅素後加鹽和冰糖不加水，慢慢將番茄煨軟，出湯汁後收乾盛起。

3 醃好的雞胸肉攔腰剖開不切斷，比較厚的部分可以用刀再由內側往外側片開，但仍然不切斷，這樣可增加雞肉片面積，若要使用槌子槌薄一點也可以的。

4 香菜對切成兩段即可，雞肉攤平鋪上煨軟的番茄和香菜後捲好。

5 取一鋁箔紙放上雞肉捲，放雞肉捲前紙上可刷點油避免肉黏住，再用鋁箔紙慢慢把雞肉捲捲緊，兩邊也要捲緊收好。

6 烤箱上下火以攝氏 180 度預熱後，放入雞肉捲烤 20 分鐘，取出放涼再切塊撒點黑胡椒即完成。

🥄 **美味小撇步**

● 煨番茄切勿加水，番茄本身含水量多，用點油慢慢煨軟釋出番茄紅素風味更佳。

唐揚雞塊便當

炸物一直是減重人的禁忌，但家裡有求學中的青少年，
完全避免美味的炸物好像太殘忍啦！
這一款唐揚雞是使用市售的日式炸雞粉來料理，很容易購買也很好操作，
為了不吃進過多油脂造成身體負擔，這裡使用油煎方式來代替油炸，
完成的雞塊一樣入味又多汁，久久弄來吃一下很可以。
吃完便當再來兩顆梅干小番茄清爽解膩，是不是很棒呢！

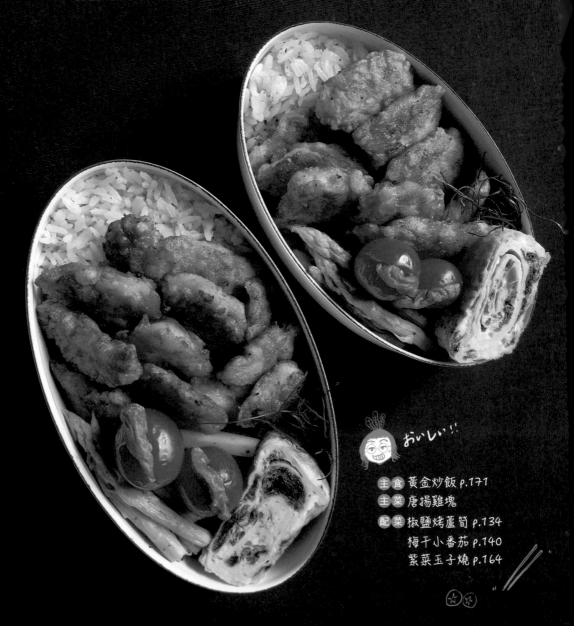

おいしい!!

主食 黃金炒飯 p.171
主菜 唐揚雞塊
配菜 椒鹽烤蘆筍 p.134
　　　梅干小番茄 p.140
　　　紫菜玉子燒 p.164

唐揚雞塊

材料（2人份）

清雞胸肉…350g
日式辣椒絲…隨喜好

調味料
堅果油…4大匙

醃料
日清炸雞粉…50g
雞蛋…1顆
水…20cc

作法

1 雞胸肉逆紋切薄片，放入攪拌均勻的醃料中醃隔夜。
2 鐵鍋燒熱放入油，待油的表面燒出波紋，轉中小火。
3 將雞肉一片一片下鍋，慢慢煎至兩面都像炸物顏色即完成。
4 可佐日式辣椒絲一起享用。

美味小撇步

● 醃料醃隔夜比較入味，如果時間來不及，建議最少要醃一個小時。
● 這裡是用26公分的平底鐵鍋示範，如果鍋子比較小可以放少一點油，關鍵是雞肉下頭要有足夠油才能半煎炸。
● 務必有點耐心慢慢煎，半煎炸料理用鐵鍋來操作，特性高溫且受熱平均，雞塊成品很美味。

玫瑰鹽烤松阪豬便當

松阪豬怎麼料理都很美味，鹽烤後外酥內嫩搭配一點萊姆汁和萊姆皮一起吃，彈牙卻不油膩。夾起一片鹽烤松阪豬，彷彿置身居酒屋，忍不住來上一杯冰啤酒！喂！喂！喂！我們這是吃便當啦！還有飯少肉多的洋蔥燒肉豆皮壽司，大口塞超級飽嘴，好滿足啊！這顆料多美味的豬肉便當，一定能為家人補給滿滿的能量。

 おいしい!!

主食 洋蔥燒肉豆皮壽司 P.175
主菜 玫瑰鹽烤松阪豬 P.131
配菜 XO 醬拌秋葵
生切番茄 P.139
椒鹽于撕杏鮑菇 P.150
原味煎蛋捲 P.163

玫瑰鹽烤松阪豬

材料（2人份）

松阪豬⋯350g
萊姆⋯1/2 顆

調味料
玫瑰鹽⋯1 小匙

醃料
花雕酒⋯1 大匙
黑胡椒⋯少許
味醂⋯1 小匙

作法

1 松阪豬不切先用叉子戳戳洞，
　加入醃料醃隔夜或至少醃上 1
　小時。

2 烤箱以攝氏 200 度預熱後，用
　紙巾將醃好的松阪豬擦乾，正
　反面抹上鹽，送進烤箱，正反
　面各烤 10 分鐘即完成。

3 烤好後逆紋斜切，淋上萊姆汁，
　撒上少許萊姆皮來食用。

美味小撇步

● 製作便當菜使用烤箱來做料理時，請盡量避免使用醬油，以
　降低烤焦機會，也可以節省看顧烤物的時間。

● 松阪豬油脂比例高，進烤箱前不需要噴油。

● 醃松阪豬時不加鹽，放入烤箱烤之前正反面撒上玫瑰鹽，或
　不加鹽直接烤，烤好切片沾玫瑰鹽或海鹽來吃也很美味。

保冷

復熱

紅酒西洋梨豬排便當

外皮酥脆的麵衣裹著軟嫩多汁、有著淡淡果香自然清甜的厚切大里肌，
這是一款清新風味的豬排便當。煎好的豬排搭配自己煮的紅酒西洋梨醬超級合拍。
來一口味噌風味的皇帝豆，還有滿滿堅果的煎蛋捲堪稱超級蛋料理，
攝取蛋白質同時也補充維他命 E，
加上乾煸後香甜多汁的迷你杏鮑菇和紫蘇梅番茄小黃瓜，便當冷冷吃也有好滋味。
兩片一切五的厚切豬排，六四分裝，歐吉桑減醣顧健康，
高中生補充滿滿蛋白質，這樣是不是很剛好？

おいしい!!

主食 紅藜糙米飯 p.170
主菜 紅酒西洋梨豬排 p.75
配菜 味噌皇帝豆 p.130
　　 黑胡椒杏鮑菇 p.150
　　 梅漬番茄小黃瓜 p.159
　　 堅果煎蛋捲 p.164

材料（2人份）

大里肌厚片…2 片（300g）
西洋梨…1 顆（160g）

紅酒西洋梨醬調味料
紅酒…4 大匙
玫瑰鹽…1/4 小匙
冰糖…1 小匙

醃料
紅酒西洋梨醬…2 大匙
紅酒…1 大匙

豬排調味料
木薯粉…2 大匙
橄欖油…3 大匙
玫瑰鹽…1/2 小匙
黑胡椒粒…少許

蘸醬
紅酒西洋梨醬…2 大匙

紅酒西洋梨豬排

作法

1 先來煮紅酒西洋梨醬，西洋梨去皮磨成泥。

2 拿一個牛奶鍋或小鍋，開最小火倒入果泥和紅酒西洋梨醬調味料開始慢慢煮。

3 慢慢煮過程中不停翻動避免燒焦，果泥煮滾大約 7 ～ 8 分鐘，湯匙滑開鍋底感覺醬汁大概收乾即可關火，煮好的西洋梨果醬分成兩份盛起放置冷卻，一份大約 2 大匙。

4 大里肌肉（豬排肉）用刀尖斷筋並戳些小洞，將醃料一層一層抹上豬排肉後醃隔夜。

5 將醃好的豬排肉擦去果泥，用紙巾擦乾後兩面撒上少許玫瑰鹽。

6 取一大盤子或料理托盤，將木薯粉鋪在盤中，把豬排肉放在木薯粉上用力壓緊，翻面後再用力平均壓上木薯粉，接著把多餘的粉拍掉。

7 豬排放置 5 分鐘待沾粉反潮。

8 起一鐵鍋，鍋裡倒入油，中火把鐵鍋和油都燒熱，放下豬排肉將豬排煎上色並慢慢煎熟後起鍋。

9 豬排切塊後蘸上紅酒西洋梨醬並撒少許黑胡椒粒，風味極佳。

美味小撇步

- 西洋梨紅色或綠色皆可，選用較熟摸起來較軟的果肉可節省磨泥時間。

- 料理使用果醬醃肉是不錯選擇，不同於塗抹麵包甜度高的果醬，建議用水果加上少許糖和鹽提味來製作醃製用果醬，若要購買市售果醬來醃肉，建議選購糖分較低者，這樣做料理比較不容易燒焦。

- 醃好的豬排將果醬去除擦乾再沾粉，這樣料理起來的豬排才不會濕軟。

- 由於鐵鍋吃油程度不同，煎豬排用的油份量可自行調整，以豬排可煎熟為原則。

- 若一早做便當時間不夠，可於前一晚將豬排煎到七分熟，隔天一早烤箱預熱至攝氏 200 烤 10 分鐘，紅酒西洋梨蘸醬可以蒸熱放置冷卻再使用。

- 這道料理若在家上菜，可將煎好的豬排用煮好的果醬加上一大匙紅酒慢慢煨，讓醬汁巴住豬排麵衣也非常好吃。

蔥香燒肉、豆皮壽司便當

老少咸宜的豆皮壽司一直是父女倆很喜歡的主食，
就算豆皮裡頭只填入單純的米飯，微甜的豆皮包著飯，
搭配蔥香燒肉這道主菜，這一顆接一顆涮嘴討喜的滋味讓人無法拒絕。
偶爾變化一下主食，讓主食也能成為便當中的主角。

主食 原味豆皮壽司 p.174
主菜 蔥香燒肉
配菜 培根皇宮菜 p.136
　　 磨菇彩椒炒毛豆 p.152
　　 電鍋水蒸蛋 p.160

蔥香燒肉

材料（2人份）

梅花豬火鍋肉片…300g
青蔥…25g

調味料
鰹魚醬油…2.5 大匙

作法

1 梅花豬火鍋肉片切成適口大小，
 青蔥切成蔥花。

2 平底鍋不放油，將肉片下鍋，
 中火乾煎至肉片邊緣微焦。

3 倒入鰹魚醬油翻炒，並讓肉片
 都沾上醬汁。

4 待醬汁大致收乾，起鍋前加入
 蔥花快速翻炒均勻即完成。

美味小撇步

● 梅花豬火鍋肉片已含有足夠油脂，不須另外放油。

● 鰹魚醬油味道比較淡，加入 2.5 大匙已經足夠燒好燒肉，不
 必另外加水以保持乾爽入味。

保冷

 復熱

烤咖哩豬排蛋包飯便當

老少咸宜的蛋包飯一直是零負評的便當菜色，
隨興擠上番茄醬或是將番茄醬裝入小小醬料瓶放入便當袋，
要吃便當時候再擠更合適。咖哩風味的烤豬排軟嫩多汁，
也可以沾著番茄醬一起吃，搭配清爽的鹽麴炒蔬菜，
簡簡單單的組合也可以美味又飽足。

おいしい!!

主食 蛋包飯 p.178
主菜 烤咖哩豬排
配菜 鹽麴蘑菇小黃瓜 p.157

烤咖哩豬排

材料（2人份）

大豬腱肉切片（俗稱老鼠肉或圓肉）…2片（300g）

調味料

橄欖油…1小匙（或少許）

醃料

咖哩粉…1小匙
馬告鹽麴…1.5～2大匙
味醂…1大匙
黑胡椒…少許
清酒…1小匙

作法

1 豬排肉斷筋再用叉子戳洞。
2 肉用醃料抹勻冷藏醃隔夜。
3 取出醃好的豬排，於兩面噴點油並放在烘培紙上。
4 烤箱以攝氏200度預熱後正反面各烤8分鐘後取出。
5 平底鍋小火加熱，倒入1小匙油將烤好的豬排放入，豬排煎上色即完成。

美味小撇步

- 這道烤豬排，我的經驗在烤豬排肉時肉不太會燒焦，但烘培紙有沾到醬汁地方很容易燒焦，如果不喜歡燒焦氣味，可將豬排用烘培紙包起來再烤，就不需要翻面。烤好之後下鍋煎時，可將烘培紙裡烤出來的醬汁一起倒入鍋中煨到收汁、豬排更美味。
- 回鍋煎上色時，因含有鹽麴很容易燒焦，請務必小火慢煎並翻動豬排。
- 若烤豬排厚度較厚，可切薄一點再吃口感更佳。

保冷

復熱

花雕子排、金瓜拌米粉便當

香味四溢的花雕子排，用不加一滴水的全花雕酒和簡單調味料滷的軟爛入味，
大口一啃，骨肉分離塞飽嘴，這是大口吃肉的享受啊！
改以簡單食材製作的櫻花蝦金瓜拌米粉來取代備料繁瑣的炒米粉，
吃之前淋一點黑醋，解膩清爽又開胃，
再搭配汆燙的球芽甘藍和水果彩椒，一點都不 over 哦！

おいしい!!

主食 櫻花蝦金瓜拌米粉 p.187
主菜 花雕子排
配菜 汆燙球芽甘藍 p.132
　　 蒜香甜椒絲 p.138
　　 家常溏心蛋 p.166

不加一滴水的花雕子排

材料（4人份）

子排（選用胛心排骨）…900g
蔥…5支
大蒜…8瓣
薑片…5片
月桂葉…2片
滷包…2個（可省略）

調味料

花雕酒…2瓶（1200ml）
薄鹽醬油…200cc
冰糖…2大匙

作法

1. 汆燙子排（子排稍微將血水沖掉後，放入冷水中開火煮到水滾，會有很多浮沫。把子排取出沖洗乾淨，盡量不要留有雜質，洗越乾淨滷起來的滷湯越香甜）。
2. 將蔥簡單綑綁成一坨，和所有材料、調味料都放入鍋裡，花雕酒蓋過子排。
3. 中大火燒滾後，撈除浮沫，轉小火慢慢滷1小時後關火。
4. 將滷包、蔥和薑片從滷汁中取出，子排繼續燜6～8小時即完成。
5. 滷好的子排可蒸熱或放在滷汁中復熱來食用。

美味小撇步

- 如果要用汆燙子排的鍋子來滷，除了洗淨子排外，鍋子也要刷洗乾淨才開始滷，不然雜質沾在鍋裡會破壞滷汁。
- 小火、湯最小滾狀態慢慢滷，若擔心滷湯太快燒乾，可蓋上鍋蓋留一小縫讓氣味散出。
- 不加一滴水的全花雕酒滷汁，滷肉的味道非常優質，滷汁過篩丟棄雜質再煮滾放涼冷凍，不需再添加其他調味料還可以滷2～3次。
- 建議將滷好的子排取出加上少許滷汁分裝到冷凍，這是一道很高檔的常備主菜，做便當時，拿出來蒸透就可以裝入飯盒。
- 選用扁骨肉多的胛心排，可享受大口吃肉快感，排骨越靠近豬的頭部，骨頭越扁肉越多，骨頭圓形的排骨則肉越少。

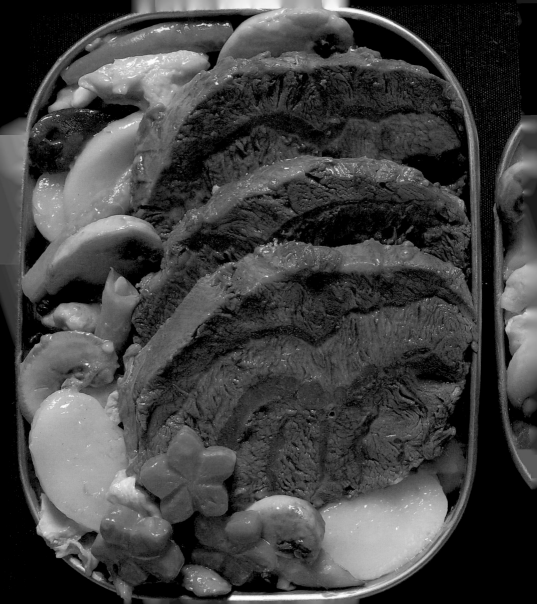

保冷

復熱

白酒番茄牛腱心、炒寧波年糕便當

燉煮的牛肉料理中，我最喜歡牛腱心了，
脂肪少肉質軟嫩帶有少許牛筋，厚切入口口感絕佳，
當我們想大口吃肉時，這道白酒番茄牛腱心讓人吃起來心滿意足毫無懸念啊！
再來主食也換換口味，嚐一嚐軟Q滑嫩的炒寧波年糕，
吃便當也能吃到用心變化的菜色，一整天心情都會很好的。

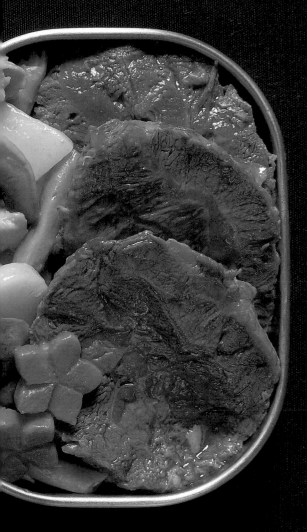

おいしい!!

主食 炒寧波年糕 p.184
主菜 白酒番茄牛腱心 p.84

牛腱心
白酒番茄

🍲 **材料**（2 人份）

牛腱心… 1 條（450g）
牛番茄… 2 顆（400g）
洋蔥… 1 顆（250g）
蒜頭… 3 瓣
薑片… 4 片
月桂葉… 1 片

調味料

橄欖油… 1 大匙
白葡萄酒… 1 瓶（720ml）
番茄糊… 2 大匙
玫瑰鹽… 1 小匙

作法

1 牛腱心洗淨後整條放入裝有冷水的煮鍋，用中大火燒至水滾汆燙，等待同時可將洋蔥分切大塊。

2 牛番茄頂部用刀劃十字後放入汆燙牛腱心的滾水中一起汆燙。

3 取出縮成球狀的牛腱心和牛番茄，把牛番茄外皮剝去後分切大塊。

4 取一 20 公分湯鍋（可煎炒用的），中小火加入油，油燒熱後放入整條汆燙過的牛腱心、蒜頭、薑片、洋蔥和番茄糊翻炒。

5 待牛腱表面稍微煎上色，洋蔥飄出香味後加入其他調味料、月桂葉和牛番茄，大火燒開。

6 湯汁燒開後，請耐心撈出浮沫，不過牛腱心浮沫較少，有的甚至沒有浮沫。

7 轉小火蓋上鍋蓋，慢慢燉煮整條牛腱心 1.5 小時。

8 取出牛腱心切厚片，每片大約 1～1.5 公分。

9 將牛腱心厚片泡入原湯中，隔天再熱來吃更軟嫩入味。

美味小撇步

● 使用的白葡萄酒是加州白蘇維翁品種富含葡萄和白柚的果香、蘭姆和一些草香風味，直接拿來燉肉有軟化肉質作用也能讓牛肉風味更優質。

● 這道用全白葡萄酒燉煮的牛腱心料理，牛肉嚐起來軟嫩偏酸跟一般鹹香口味不同，至於熬煮後的洋蔥番茄湯則不必稀釋可直接享用，濃而不嗆帶有豐富層次的酸味也很適合做成湯麵。

● 浸泡牛腱心的湯鍋冷卻後放置冰箱冷藏，吃之前再蒸熱或在爐子上加熱皆可。

● 沒有番茄糊可用番茄醬取代。

保冷

復熱

泡菜牛肉捲便當

喜歡泡菜炒肉的朋友可以試試這道泡菜牛肉捲，
製作的時候多花一點時間做牛肉捲，享用便當的時候很方便，
飯不會沾上泡菜醬汁，可以吃得非常優雅。
韓國泡菜口味較重，副菜清爽搭配即可。

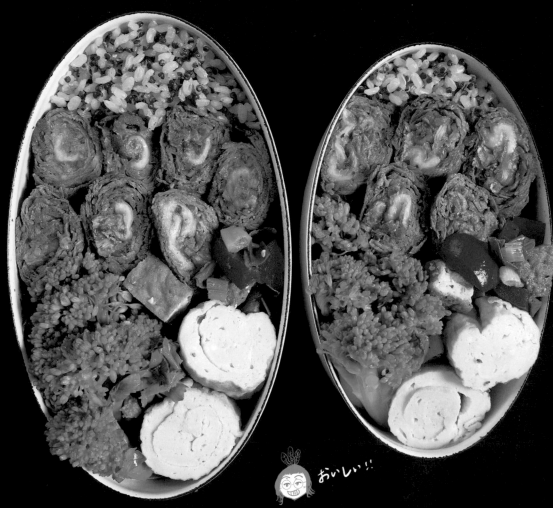

おいしい!!

主食 紅藜糙米飯 p.170
主菜 泡菜牛肉捲
配菜 汆燙青花筍 p.133
　　 蔥花彩椒油豆腐 p.153
　　 原味煎蛋捲 p.163

泡菜牛肉捲

🍲 **材料**（2人份）

牛肩里肌火鍋肉片…300g
韓國泡菜去汁…100g

調味料
鰹魚醬油…2大匙
橄欖油…少許

📋 **作法**

1 韓國泡菜擠乾不要帶醬汁。
2 取3片牛肉片，小心將第一片攤開整片鋪平。
3 再將第二片攤開鋪平，大約交疊1/3在第一片肉上，第三片也是攤開交疊1/3在第二片肉上。
4 在牛肉片一端鋪上少許泡菜後慢慢用牛肉把泡菜扎實捲起。
5 捲好的牛肉捲封口朝下整理好。
6 平底鍋中小火，鍋裡刷上薄薄一層油。
7 牛肉捲封口朝下一一放入鍋中，不要急著翻面。
8 當封口處已煎至焦化上色，可翻面將牛肉捲煎到7分熟。
9 淋上鰹魚醬油，待牛肉捲都蘸上醬汁收乾即完成。

🍳 **美味小撇步**

● 用3片肉來捲蔬菜比較好操作，做出來的牛肉捲尺寸比較大口感更扎實。
● 建議斜切牛肉捲切面向上再裝入便當盒，看起來更可口。

XO 醬豆腐茄子、毛豆櫻花蝦飯糰便當

這個便當顏色好鮮豔，看了有沒有食指大動呢？
吃便當的路上，有時候菜多一點肉少一點，淨化一下身體也挺好。
高溫微波的茄子顏色好美濕潤不軟爛，
加上煎得焦香的豆腐搭著微辣的干貝 XO 醬來一起吃，滋味美妙，
再來一顆充滿櫻花蝦海味的飯糰，滿足了肚子也滿足了心。
有飯糰的便當，
記得用食物包裝紙或烘培紙隔在飯糰與便當菜中間避免飯糰潮濕喔！

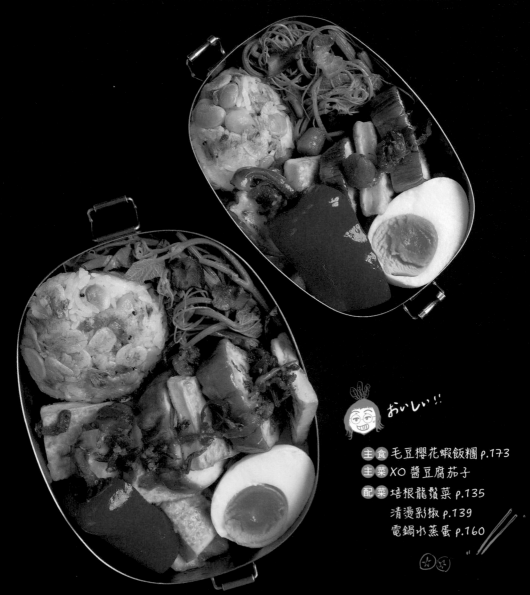

おいしい!!

主食 毛豆櫻花蝦飯糰 p.173
主菜 XO 醬豆腐茄子
配菜 培根龍鬚菜 p.135
　　 清燙彩椒 p.139
　　 電鍋小蒸蛋 p.160

XO醬豆腐茄子

🥘 材料（2人份）

雞蛋豆腐…1 盒
茄子…180g
XO 醬…50g

調味料
橄欖油…1 大匙

醋鹽水
鹽…1½ 小匙
白醋…1 大匙
清水…適量

📖 作法

1 雞蛋豆腐分切成 10 ～ 12 小塊，不沾鍋倒入 1 大匙油，中小火慢煎至兩面呈現金黃色，盡量不要一直翻動豆腐避免破掉，一面上色再翻面煎即可。

2 將外皮煎到焦化的豆腐推一邊，鍋裡倒入 XO 醬炒香後，將煎好的豆腐一起簡單翻炒即可起鍋，請注意豆腐外皮若沒煎酥，翻炒很容易破喔！

3 茄子切大約一公分段，馬上泡入醋鹽水中 20 分鐘避免快速氧化。

4 取兩個微波碗將茄子均分放入碗中，蓋上保鮮膜或微波矽膠蓋，分別以微波爐最大火力微波 2 分鐘，微波後不要馬上撕掉保鮮膜或馬上掀蓋，建議放涼再取出，或是微波後立刻泡入加冰塊的食用水中定色。

5 最後取出茄子甩乾水在茄子和豆腐上鋪上鍋裡剩餘的 XO 醬即完成。

🍳 美味小撇步

● 雞蛋豆腐也可以用板豆腐取代，因為是便當菜，建議耐心煎到豆腐水分少一點，便當才不會太潮濕。

● 茄子要高溫烹煮才不容易變黑氧化，用微波來烹煮茄子方便又美觀，矽膠蓋比保鮮膜效果好一些，冷卻過程中因為碗中熱空氣冷卻，保鮮膜會被向下拉並壓扁茄子，矽膠蓋沒這問題。

● 市售的 XO 醬口味多元，以自家喜歡的口味來搭配即可。

♦ 偶爾來點清淡的也可以

時蔬鮮蝦聖誕樹、櫛瓜海苔飯卷便當

保冷

復熱

聖誕快樂！歡樂的聖誕節當然要來一個聖誕便當啊！
簡單用櫛瓜飯卷拼出聖誕樹形狀，聖誕樹下填上薄薄一層米飯，
鋪上海苔酥後放上一小塊煎培根當作聖誕樹幹，
在飯卷裡面放上好吃的芥末籽風味食材，
用不同顏色來裝飾飯卷耶誕樹並呈現耶誕歡樂氣氛，
最親愛的家人打開便當的那剎那一定是歡樂無限！

おいしい!!

主食 櫛瓜海苔飯卷 p.172
主菜 芥末籽時蔬鮮蝦沙拉
配菜 電鍋水蒸蛋 p.160
　　 乾煎培根 p.190

芥末籽時蔬鮮蝦沙拉

材料（2 人份）

遠洋冷凍大白蝦…5 尾
（250g）
綠花椰…100g
鴻喜菇…30g
蘑菇…3 朵
小番茄…4 顆
秋葵…2 根

調味料
橄欖油…1 小匙

醬汁
法式芥末籽醬…1/2 大匙
蜂蜜…1 小匙
檸檬汁…1/2 小匙
玫瑰鹽…少許

作法

1 急速冷凍帶殼白蝦退冰，去頭去尾
　剝殼後開背去腸泥，用太白粉加米
　酒抓洗並沖水洗淨後用乾紙巾擦
　乾（蝦子處理可參考 p.121）。

2 鴻喜菇剝開、綠花椰分切小朵、小
　番茄對切、蘑菇切片、秋葵不切。

3 平底鍋中小火放入秋葵、鴻喜菇和
　蘑菇，把菇類推到一側乾煸。

4 另一側加入油，油熱放入處理好的
　白蝦乾煎。

5 煎好的白蝦和煸好的菇類可起鍋。

6 鍋裡加點水，快速汆燙一下綠花
　椰，若秋葵還沒熟，就留在鍋裡也
　一起快速燙一下。

7 除了秋葵外，把所有食材和醬汁拌
　勻即完成。

8 燙熟的秋葵切段，沾點醬汁即可。

美味小撇步

● 這道料理在本書中是要用來製作聖誕便當，秋葵先汆燙熟再
切段，避免秋葵籽脫落，切面會比較美觀，所以沒加到沙拉
中一起翻拌。

保冷

復熱

蔥香小魚煎豆腐、菜肉煎餃便當

沒時間嗎？那就來吃煎餃吧！
好吃的菜肉煎餃已經有肉了，那麼主菜就來準備一道料理起來很簡單，
但風味卻很有層次的蔥香吻仔魚煎豆腐，搭配份量稍多的蔬菜一起吃，
可以吃的沒負擔喔！要是沒什麼時間吃便當，吃餃子好像最有效率，
但吃飯還是細嚼慢嚥對腸胃比較好呢！

おいしい!!

主食 菜肉煎餃 p.177
主菜 蔥香小魚煎豆腐
配菜 水燙綠花椰 p.128
　　 番茄毛豆 p.153

蔥香小魚煎豆腐

材料（2 人份）

雞蛋豆腐…2/3 塊（200g）
吻仔魚…10g
青蔥…12g

調味料
橄欖油…1/2 大匙
鰹魚醬油…1 小匙

作法

1 雞蛋豆腐分切成兩個立方體，青蔥切成蔥花。

2 平底鍋中小火放入油，將雞蛋豆腐下鍋，慢煎至每塊豆腐六面都呈現金黃色盛起。

3 鍋子不用洗也不另外加油，小火繼續來乾煎吻仔魚，待吻仔魚焦化後放入蔥花並倒入鰹魚醬油稍微翻炒收汁即可。

4 將炒好的蔥香小魚鋪在煎好的雞蛋豆腐上即完成。

美味小撇步

● 吻仔魚也可以用小魚乾或櫻花蝦取代，一樣美味。

● 煎雞蛋豆腐要有耐心，翻面時候可將豆腐推到鍋邊利用鍋子圓弧來翻比較好操作。

保冷

復熱

柚香鹽麴烤鱸魚便當

不得不讚賞一下古坑盛產的紅寶石葡萄柚，真的香甜又多汁，
拿來入菜搭配醃過鹽麴的烤鱸魚片一起吃，
微微酸的爽朗魚肉味道實在太棒了！
還有不常出現的草菇，同樣烤箱烤一烤，
每一顆都在嘴裡爆開清甜湯汁真的很過癮。

おいしい‼

主食 紅藜小米糙米飯 p.171
主菜 柚香鹽麴烤鱸魚
配菜 小魚炒山蘇 p.138
　　　生切番茄 p.139
　　　香菇桂竹筍 p.145
　　　香烤草菇 p.149

柚香鹽麴烤鱸魚

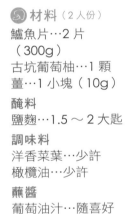

材料（2人份）

鱸魚片…2 片
（300g）
古坑葡萄柚…1 顆
薑…1 小塊（10g）

醃料
鹽麴…1.5 ～ 2 大匙

調味料
洋香菜葉…少許
橄欖油…少許

蘸醬
葡萄油汁…隨喜好

作法

1 鱸魚片完全解凍，薑磨成泥，葡萄柚分切 1/3 擠汁大約 2 大匙，剩餘葡萄柚去除白色纖維把果肉剝出來。

2 鱸魚片正反面都均勻抹上鹽麴和薑泥，醃隔夜入味。

3 醃好的鱸魚片，用乾紙巾將鱸魚上的鹽麴擦去，避免烘烤的時候魚肉燒焦。

4 鱸魚正反面都噴點油，取一烤盤鋪上烘培紙，放上鱸魚片，魚皮朝上。

5 烤箱上下火以攝氏 180 度預熱後烤 20 分鐘即完成，但若鱸魚片厚度超過 2 公分建議再烤第二次，將烤箱溫度調高，上下火以攝氏 230 度預熱後再追加烤 3 ～ 5 分鐘，讓魚肉上色。

6 烤好的鱸魚淋上葡萄柚汁靜置冷卻撒上洋香菜葉再裝入便當，若在家食用，可搭配葡萄柚果肉一起吃。

美味小撇步

● 鹽麴醃魚肉一定要醃隔夜才會入味，時間太短味道不到味。

● 鱸魚油脂較少，建議魚肉噴些油，烘培紙上也噴點油再烤避免魚肉沾黏。

● 雖然魚肉比豬肉雞肉容易熟，多烤一些時間讓魚肉口感緊實，魚塊不容易散掉比較適合帶便當。

● 帶便當的烤鱸魚也可以先不淋葡萄柚汁，包好一小塊葡萄柚放入便當袋，吃之前在淋在魚肉上更美味。

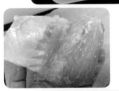

保冷

復熱

辣味醬燒白帶魚便當

這道主菜是我自己很喜歡的私房菜色，
喜歡吃白帶魚又喜歡吃辣的朋友一定要試試這道大人口味的白帶魚。
先乾煎再醬燒，料理的材料和烹煮的方式都很容易上手，
醬香入味的白帶魚肉巴上厚厚一層辣椒粉，每一口都很過癮，
搭配清甜又清爽的娃娃菜剛好均衡一下喔！

おいしい!!

白帶魚 辣味醬燒

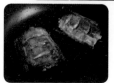

材料（2人份）

白帶魚切片 2 片…300g
鋁箔紙 A4 尺寸…1 張

調味料
橄欖油…1 大匙
粗粒辣椒粉…1 小匙
木薯粉或太白粉…1 小匙

煨醬
黃金烤肉醬…2 大匙
白醋…1 大匙
味醂…1 大匙

作法

1 將鋁箔紙揉成一團後，用鋁箔紙團將白帶魚表面銀色魚鱗去除。
2 將去除魚鱗的白帶魚沖洗乾淨並用乾紙巾擦乾。
3 在魚肉上淺淺劃 3 刀，美觀又幫助入味。
4 魚肉兩面撒上少許木薯粉並將多餘粉拍掉。
5 起一鍋中火倒入橄欖油燒熱後，將白帶魚放入鍋中慢慢煎。
6 若用平底鍋，可利用鍋子邊緣圓弧來將魚四周邊緣都均勻煎上
　色。
7 待魚肉兩面都焦化呈現金黃色，轉中小火並將煨醬攪拌勻後倒入
　鍋中煨煮白帶魚。
8 待兩面都煨煮入味並收乾醬汁後將白帶魚取出，兩面撒上辣椒粉
　即完成。

美味小撇步

- 刮去魚鱗後的新鮮白帶魚不會有腥味，所以我沒有使用料理
  酒來調味，若想先拍點米酒也可以，但沾粉之前一定要擦乾。
- 辣椒粉也可一起拌入調味料倒入鍋中煨煮，但要注意火候避
  免燒焦，不加辣椒粉也可以，醬燒後的白帶魚非常入味很下
  飯。

香烤鯖魚便當

保冷

復熱

新鮮的鯖魚用烤的最美味了，分切小塊烤好後裝入便當，
不論是常溫食用或是復熱再吃，都美味方便不沾手。
別忘了包一點檸檬片放進便當袋裡，出門在外也能享用開胃的鯖魚料理。

おいしい!!

香烤鯖魚

材料（2人份）

挪威新鮮鯖魚切片…
300g
檸檬…1/2 顆

醃料
玫瑰鹽…3/4 小匙
黑胡椒粒…少許
米酒…1 小匙

蘸醬
檸檬汁…隨喜好

作法

1. 鯖魚正反面都先淋上米酒拍一下，接著分切成小塊，魚鰭不好切可以用料理剪刀剪開。
2. 鯖魚塊正反面撒上玫瑰鹽和黑胡椒粒醃 15 分鐘。
3. 取一烤盤鋪上烘培紙，將魚塊擦乾，魚皮朝上，照分切順序把魚塊放在烘培紙上。
4. 烤箱上下火以攝氏 180 度預熱後不必翻面，烤 20 分鐘即完成。
5. 裝盤時用些檸檬片來搭配烤魚塊。
6. 食用之前可以擠一些檸檬汁在烤魚上提味。

美味小撇步

- 鯖魚富含油脂不須另外噴油。
- 經過鹽巴醃過的魚若出水，水要倒掉並把魚擦乾再繼續料理，這樣魚肉才會入味鮮甜。
- 除了鯖魚，無刺虱目魚片也好適合用相同的料理方式來帶便當，虱目魚用鍋子乾煎非常會油爆不好操作，用烤的方便又安全。

乾煎柳葉魚便當

打開便當蓋，在柳葉魚上擠上一點檸檬汁，看看酥酥脆脆的柳葉魚；
整尾都能吃，特別是飽滿滿著的魚卵在嘴裡爆開啵啵啵的滋味真的很涮嘴，
夾起一尾挾一尾，
搭配份量足夠的各式蔬菜，誰說不想吃便當？

保冷
復熱

乾煎柳葉魚

🍲 **材料**（2人份）

新鮮柳葉魚…13 尾
（250g）

檸檬…1/2 顆

調味料

橄欖油…1 大匙

醃料

鹽…1/2 小匙

米酒…1 小匙

蘸醬

檸檬汁…隨喜好

📋 **作法**

1 柳葉魚洗淨瀝乾後，用醃料醃 15 分鐘。

2 醃好的柳葉魚用乾紙巾將水分吸乾。

3 平底鍋中火，倒入油，慢慢將柳葉魚兩面煎至金黃。

4 食用之前在煎好的柳葉魚上擠一些檸檬汁提味。

🍳 **美味小撇步**

● 煎柳葉魚時，每尾小魚中間要有間隔，盡量不要重疊，避免黏住。

● 蘸醬可以是檸檬汁，蜂蜜芥末醬或是美乃滋都能迸出不同風味。

干絲牛肉便當

這道勁辣鹹香的干絲牛肉吃上一口就欲罷不能，
洋蔥、蒜苗、辣椒和青蔥焗出天然香氣，
干絲和牛肉絲吸附鹹香醬汁，越辣越好吃喔！
板豆腐鑲入水果彩椒後簡單烤，
彩椒清甜滋味和豆腐的豆香加上豆腐清爽口感，
中和勁辣的味蕾，免得邊吃便當邊噴火。

おいしい！！

主食 小米糙米飯 p.170
主菜 干絲牛肉
配菜 培根皇宮菜 p.136
　　 水果彩椒鑲豆腐 p.154
　　 荷包蛋 p.160

干絲牛肉

🍲 材料（2人份）

牛肉絲…200g
干絲…100g
洋蔥…100g
蒜苗…40g
青蔥…50g
辣椒…15g

醃料
薄鹽醬油…1 小匙
鹽麴…1 小匙
清酒…1/2 小匙

調味料
橄欖油…1/2 大匙
薄鹽醬油…1.5 大匙
冰糖…1 小匙

📖 作法

1 牛肉絲用醃料抓勻醃上半小時，干絲切
　段泡水洗淨瀝乾。
2 洋蔥切絲、蒜苗、青蔥和辣椒都切段。
3 平底鍋中小火放點油，先下洋蔥、蒜苗
　和辣椒炒出香氣。
4 倒入干絲、牛肉絲和調味料拌炒。
5 可將爐火轉稍大加速湯汁收乾，最後加
　入蔥段再翻炒一下可起鍋。

🍳 美味小撇步

● 若擔心牛肉絲炒得太老，也可在第 2 步驟前，先中大火用熱
　油將醃好的牛肉絲炒至六分熟盛起，下青蔥之前再放入牛肉
　絲拌炒。
● 若敢吃辣，辣椒建議使用朝天椒很過癮。

保冷

復熱

XO 醬花生絞肉便當

用海鮮干貝做成的 XO 醬來炒絞肉果然香氣逼人啊！
起鍋前加入四季豆和花生米，吃起來不油膩卻非常非常開胃，
這道家傳的私房料理滿足我家每個人的味蕾，
在減醣之餘忍不住放肆多扒了幾口飯，也回味起三代同堂時家的味道。
口味偏重的主菜搭配簡單汆燙的各式蔬菜，
既節省料理時間也是聰明的便當組合。

おいしい!!

主食 小米糙米飯 P.170
主菜 XO 醬花生絞肉
配菜 汆燙球芽甘藍 P.132
　　　清燙彩椒 P.139
　　　昆布醬油茭白筍 P.143
　　　電鍋水蒸蛋 P.160

XO醬花生絞肉

材料（2人份）

豬絞肉…300g
四季豆…70g
炒熟花生米…25g
辣椒…15g

調味料

海鮮干貝醬（XO醬）…2大匙
薄鹽醬油…1大匙
辣油…1小匙

作法

1 四季豆洗淨後切丁，辣椒切小段。
2 鍋內不放油先把絞肉炒熟炒乾到變色。
3 倒入海鮮干貝醬和醬油一起翻炒絞肉，炒出香氣。
4 接著加入四季豆和辣椒丁拌炒。
5 起鍋前加入已炒熟的花生米和辣油翻拌均勻即完成。

美味小撇步

● 豬絞肉油脂夠，不需要再加油來炒熟。
● 先把豬絞肉炒熟，水分炒乾後再調味比較不會有腥味。
● 這道菜主要風味來自選用的 XO 醬，請依據 XO 醬口味調整醬油份量。

有時候忘我扒飯超滿足

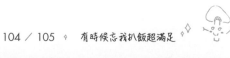

保冷

 復熱

酸菜雞肉便當

雞胸肉脂肪少熱量低又具飽足感，
很適合做不同風味的料理來作為低醣便當主菜，
這道酸菜炒雞肉，調味非常簡單，吃起來酸辣鹹香很下飯，
搭配清爽麻香四季豆、微微胡椒辛香的鴻喜菇以及健康美味的胡蘿蔔蛋捲，
著實能好好享用美好的一餐呀！

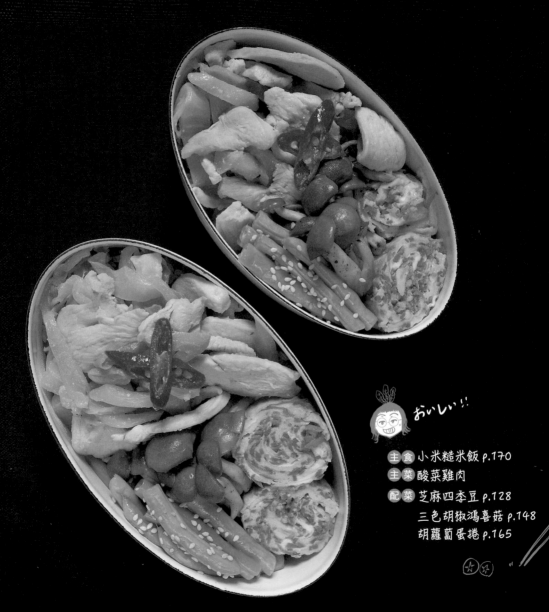

おいしい‼

主食 小米糙米飯 p.170
主菜 酸菜雞肉
配菜 芝麻四季豆 p.128
　　 三色胡椒鴻喜菇 p.148
　　 胡蘿蔔蛋捲 p.165

酸菜雞肉

材料（2人份）

雞胸肉…350g
酸菜心…150g
辣椒…10g（喜歡辣建議用朝天椒）

調味料
橄欖油…1/2 大匙
冰糖…1 大匙
清酒…1 大匙
鹽…1/2 小匙
香油…1/2 大匙

作法

1 酸菜心泡水半小時洗淨瀝乾切粗絲，雞胸肉逆紋切薄片，辣椒切斜段。
2 平底鍋中小火放油，先下酸菜絲加冰糖炒出酸菜香。
3 再將雞肉片和辣椒下鍋翻炒，雞肉可稍微乾煎一下。
4 加入鹽和清酒翻炒，收乾湯汁後淋點香油可起鍋。

美味小撇步

● 喜歡辣一點，辣椒可以和酸菜一起下鍋。
● 酸菜泡水是為了去除鹹味，酸菜下鍋之前先試一下鹹度，可斟酌浸泡酸菜時間。
● 炒酸菜加些冰糖調和嗆酸是酸菜美味關鍵，冰糖可酌量增減。

保冷

復熱

乾燒白酒透抽、泰式酸辣寬粉便當

就是很想吃透抽！
喜歡鎖管類的朋友們快趁著小管季備齊食材好好大快朵頤一番啊！
泰式風味的酸辣粉絲酸的好開胃，再來張嘴咬一大口乾燒白酒透抽，
豪邁啊！很脆又很甜！

おいしい!!

主食 泰式酸辣寬粉 P.182
主菜 乾燒白酒透抽

乾燒白酒透抽

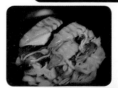

🦑 材料（2人份）

急速冷凍透抽（鎖管）…3 尾（300g）
蒜頭…2 瓣
薑片…少許

調味料
白葡萄酒…1 大匙
玫瑰鹽…少許
黑胡椒…少許
橄欖油…1 小匙

📖 作法

1. 透抽退冰解凍，解凍後將頭部拉出，內臟去除並清洗乾淨，軟骨先不要去除。
2. 透抽用乾紙巾擦乾，腹部朝上分切但不切斷。
3. 起一鍋中小火放油，放入切好的蒜片和薑片爆香 30 秒。
4. 將透抽放入後加入一大匙白酒正反面都煨一下。
5. 待白酒收乾，在透抽上撒少許玫瑰鹽和黑胡椒即可起鍋

🍲 美味小撇步

- 透抽肉比較薄，加熱時很容易捲曲，可保留軟骨煎起來比較好看。
- 烹煮海鮮食材，我使用鹽份的比例會降低，新鮮海產不需要太鹹才吃得出食材原有的鮮甜。

檸檬蝦、南瓜豆皮壽司便當

保冷

復熱

這款便當除了酸酸甜甜的檸檬蝦超級適合悶熱的夏天之外，
搭配紅藜小米南瓜豆皮壽司，清涼舒爽很有感喔！
以紅藜小米南瓜泥來當作主食，也是很優質的低醣飲食，
豆皮包著南瓜沒吃過吧！

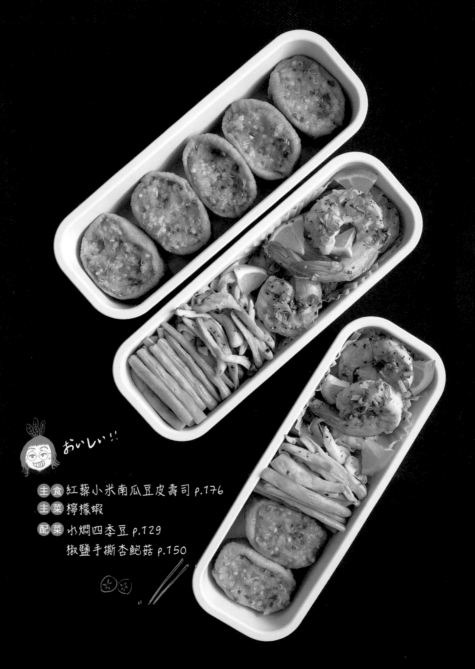

おいしい!!

主食 紅藜小米南瓜豆皮壽司 p.176
主菜 檸檬蝦
配菜 小燜四季豆 p.129
　　 椒鹽手撕杏鮑菇 p.150

檸檬蝦

材料（2 人份）

去殼冷凍白蝦⋯12 尾
（250g）
香菜⋯20g
檸檬⋯1 顆

調味料
橄欖油⋯1/2 小匙
玫瑰鹽⋯少許
黑胡椒⋯少許

醬汁
檸檬汁⋯取材料中
3/4 顆檸檬擠汁
蜂蜜⋯1 小匙
橄欖油⋯1/4 小匙
黑胡椒⋯1/8 小匙

作法

1 去殼冷凍白蝦退冰洗淨，用廚房紙
巾吸乾水分。

2 平底鍋中小火，鍋裡倒入油，白蝦
一尾一尾夾入兩面煎。

3 白蝦蝦肉變白，撒點玫瑰鹽和黑胡
椒粒，待蝦肉稍微焦化可起鍋。

4 香菜用食用水洗淨瀝乾切細末，拌
入醬汁和煎好的白蝦，用少許檸檬
片裝飾即完成。

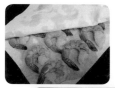

美味小撇步

● 去殼蝦用少許油來乾煎，蝦肉比汆燙更 Q 彈。

● 若是買帶殼蝦子自行去頭去殼去腸泥後，建議用一點太白粉
＋米酒抓洗後用水沖乾淨，這樣的蝦肉才會鮮甜又彈牙。

● 蜂蜜可用細砂糖取代，我的比例偏酸，如果覺得太酸可自行
調整。

保冷
復熱

豆皮豆芽豬肉捲、海苔飯糰便當

豆皮裡捲著薄薄的五花肉片、豆芽和小黃瓜，吃起來極為清爽又有飽足感。
如果不想吃主食也可以增加豆皮肉捲份量，這道主菜不論天冷天熱都很適合。
簡單捏幾顆黑白相間的海苔飯糰，快速又富有童趣，
好像三隻小貓熊悶頭鑽地洞，是不是很可愛？

 おいしい!!

主食 海苔飯糰 p.173
主菜 豆皮豆芽豬肉捲
配菜 汆燙蘆筍 p.134
　　麻香胡蘿蔔絲 p.141
　　蛋絲 p.179

豆皮豆芽豬肉捲

材料（3 人份）

豬五花火鍋肉片…8 片（120g）
綠豆芽…120g
小黃瓜…100g
炸豆包…4 個（200g）

調味料
昆布醬油…1 大匙
辣油…1 小匙
木薯粉或太白粉…少許
玫瑰鹽…少許
黑胡椒…少許

蘸醬
柚子醋…隨喜好

作法

1 小黃瓜切粗絲，燒一鍋滾水氽燙綠豆芽和小黃瓜絲 15 秒隨即撈起，不必燙熟。

2 將綠豆芽和小黃瓜絲盡量擠去水分，取一碗將昆布醬油和辣油拌入豆芽小黃瓜絲裡，翻拌均勻並放置 5 ～ 10 分鐘待入味。

3 炸豆包用清水沖洗一下，再用乾紙巾擦乾後，把豆包拉開對切成兩片豆皮。

4 攤開豆皮，在豆皮上撒少許木薯粉。

5 接著鋪上五花肉片，並撒上少許玫瑰鹽和黑胡椒。

6 最後在肉的一端鋪上豆芽小黃瓜絲，慢慢將豆皮緊緊捲起。

7 捲好的豆皮收口朝下，鋪在烘培紙上。

8 烤箱以攝氏 180 度預熱後烤 15 分鐘，中途無須翻面，烤好之後可直接食用，或是沾柚子醋來吃。

美味小撇步

● 木薯粉作用是讓豆皮緊緊黏住五花肉，也可以在收口處抹上一點麵糊來代替。

● 炸豆包風味較佳不需再噴油，也可以換成生豆包，熱量更低更減醣。

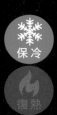

保冷

復熱

川味涼拌雞片、梅子風味飯糰便當

這便當像不像貓頭鷹？看不到雞肉嗎？雞肉片在充滿川味蔬菜們的下面啦！
煮婦們做便當時總有亂搭的時候，今天這個便當就是亂亂搭。
滿滿蔬菜的川味涼拌雞片搭配孩子愛吃的滷鳥蛋，
再來兩顆梅子風味的小飯糰，不油不膩清爽開胃。

おいしい!!

主食 梅子風味飯糰 p.174
主菜 川味涼拌雞片
配菜 水燙綠花椰 p.128
　　 蒜香烤珊瑚菇 p.151
　　 香滷鵪鶉蛋 p.163

川味涼拌雞片

材料（2人份）

雞胸肉…260g
小黃瓜…70g
胡蘿蔔…30g
木耳…30g
彩椒…30g
雞蛋…1顆

醃料

米酒…1大匙
白胡椒…少許

醬汁材料

花椒…5粒
香油…1大匙
白芝麻…1小匙
薄鹽醬油…1大匙
麻辣醬…1大匙
白醋…1大匙
冰糖…1/2小匙

作法

1 雞胸肉用醃料醃半小時放入電鍋蒸15分鐘放涼切薄片，可盡量切薄。
2 所有蔬菜和木耳都切絲。
3 起一鍋滾水，放一點油，將所有蔬菜絲和木耳絲汆燙一分鐘取出瀝乾放涼。
4 雞蛋煎成蛋皮再切成蛋絲，並與蔬菜和木耳絲混和。
5 中小火鍋裡放入香油和花椒，小火慢慢煸出花椒香味，待花椒變色後取出花椒粒。將其他醬汁材料都下鍋，醬汁燒滾即可關火。
6 待川味醬汁冷卻拌入木耳絲、蛋絲和蔬菜絲。
7 將拌好的川味蔬菜絲鋪在薄薄的雞片上即完成。

美味小撇步

● 雞肉也可以剝成細絲，直接拌入其他食材和醬汁變成川味涼拌雞絲。
● 雞肉切成薄片夾著川味蔬菜絲來吃，口感更為清爽。
● 不煸花椒粒也可以直接用少許花椒粉來代替，口味可視自己喜好調整。

◆ 清爽開胃又能吃出甘甜滋味

頂級紐約客牛排、番茄蘑菇義大利麵便當

這下真的超霸氣了吧！頂級美國紐約客爽爽嗑！
我家不吃太生的牛肉且偏愛有嚼勁的牛排，紐約客一直是我最常備的食材，
霸氣厚度，合適入口的寬度切成薄片後可以吃得非常優雅。
搭配番茄蘑菇義大利直麵、微酸微嗆的芥末籽醋蘑菇和帶有芥末口味的高山娃娃菜，
這絕對是大人的口味。
一起來為值得紀念的這一天，吃頓好料！

保冷
復熱

おいしい!!

主食 番茄蘑菇義大利麵 p.186
主菜 頂級紐約客牛排
配菜 鹽麴高山娃娃菜 p.137
　　 芥末籽醋蘑菇 p.149

頂級紐約客牛排

材料（2人份）

美國頂級紐約客牛排⋯350g（厚度大約3.5公分）

調味料
橄欖油⋯1大匙
玫瑰鹽⋯2小匙
紅葡萄酒⋯100ml
黑胡椒⋯少許

作法

1 完全解凍牛排，建議放在可以瀝掉肉汁的容器裡解凍，用2小匙玫瑰鹽撒在牛排每一面上，放置30分鐘。

2 中大火熱鐵鍋倒入橄欖油，接著等油熱後，放入牛排，用力壓牛排每一面各煎1分鐘。

3 四面都煎上色後，將火轉小，牛排淋上紅酒翻面後蓋上鍋蓋燜2～3分鐘。

4 起鍋後撒上黑胡椒靜置5分鐘後再分切，這樣的牛排大約七分熟。

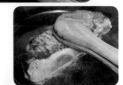

美味小撇步

● 室溫若高於攝氏25度，撒上鹽的牛排建議於冰箱冷藏20分鐘後取出回溫10分鐘再料理。

● 煎好的牛排靜置時，牛排較乾的部位會吸收肉汁，餘溫也會繼續讓牛排再更熟一些，個人認為有靜置的牛排比較美味。

● 煎牛排時間見仁見智，根據個人生熟喜好不同沒有一定標準，牛排厚度對料理時間影響很大，建議煎牛排之前可以先用手指按壓牛排中間感受肉質軟硬，邊煎牛排可以再按相同位置來比較軟硬，越硬牛排越熟。

保冷
復熱

蝦膏乾煎大蝦干貝、
松子豆皮壽司便當

值得慶祝的時刻也可以用便當來傳達心意。
另一半生日,孩子學會游泳或是慶祝自己完成一件小任務,
都值得用一個豪華美味的便當來犒賞家人或自己。

這道蝦膏乾煎大蝦干貝,
可一點不輸給高級西餐廳裡的海鮮拼盤喔!
一個便當裡有 3~5 尾特級大白蝦和 2 顆北海道大干貝,
還有煸香的 A 級松子拌入紅藜糙米飯做成的豆皮壽司,
滿滿海味誰說這個便當不是最讚的禮物呢?

おいしい!!

主食 松子紅藜豆皮壽司 p.175
主菜 蝦膏乾煎大蝦干貝 p.120
配菜 汆燙花椰菜 p.128
　　　昆布醬油茭白筍 p.143
　　　家常溏心蛋 p.166

特別日子,犒賞自家人不手軟

蝦膏乾煎
大蝦干貝

材料（3 人份）

遠洋冷凍大白蝦…8 尾（400g）
北海道干貝…4 顆（150g）
檸檬…1 顆

抓洗料
太白粉或木薯粉…1 大匙
米酒…1 大匙

調味料
橄欖油…1.5 大匙
玫瑰鹽…1 小匙或酌減
三色胡椒…少許
唐辛子七味粉…少許

作法

1 將冷凍蝦子和干貝解凍後，用乾紙巾吸乾水分。
2 蝦子請按照右頁方法處理（並留下蝦頭肉）。
3 中小火倒油，將去殼的蝦頭輕輕一個一個放入鍋中。
4 用料理筷將蝦膏從蝦頭輕輕地壓出來，煸成蝦膏油。
5 將蝦頭挪到鍋子中間轉中大火，鍋熱，兩側放入擦乾的大蝦和干
　貝，用熱蝦膏油來煎，蝦貝先不翻動，一面煎熟上色再煎另一面。
6 煎干貝時要用鍋鏟壓一下除了上色也有焦焦的口感。
7 煎熟的大蝦和干貝裹上了濃濃的蝦膏，取出鋪在檸檬片上，撒上
　少許玫瑰鹽、七味粉即完成。

美味小撇步

● 蝦子清洗乾淨擦乾是蝦肉鮮甜 Q 彈的關鍵，處理好之後如果
　沒有馬上料理，要冷藏保存但切勿隔日才料理會不新鮮。若
　要冷藏放置隔夜，建議可先乾煎至 6 分熟冷藏，隔日再用蝦
　膏油來完成最後成品。
● 用濃郁鮮甜的蝦膏來煎蝦貝是一道風味絕佳的海味料理，如
　果不敢吃蝦膏可用初榨橄欖油來乾煎也非常美味。
● 煸過蝦膏油的蝦頭不要丟掉，煸過的鍋子也不要馬上洗，加
　一點清水可以燒成蝦湯煮一碗蝦湯河粉，吃之前往湯裡擠一
　點檸檬汁超美味。

🦐 蝦子處理方法

1 帶殼蝦子放冷藏或室溫
　完全解凍。

2 用料理剪刀剪去蝦嘴前
　端（蝦眼後 1cm）的蝦
　嘴和蝦胃。

3 將蝦頭往蝦腳的方向慢
　慢摺下。

4 續 3，摺下頭的同時，
　便可順勢將頭部和身體
　的腸泥拉出。

5 接著輕輕將剛摘下的蝦
　頭拆除頭部蝦殼，留下
　有蝦膏的蝦頭肉備用。

6 用料理剪剪去蝦尾。

7 將其餘蝦殼全剝除。

8 一手用大拇指和食指夾
　住去殼的大蝦，另一手
　拿料理小刀從蝦頭往蝦
　尾劃開。

9 不用切劃太深，只要可
　以移除蝦肉裡可能遺留
　的腸泥即可。

10 去除腸泥的大蝦用米酒
　 和太白粉抓洗，直到太
　 白粉酒水顏色變成灰橘
　 色，再用清水徹底清洗
　 蝦子瀝乾即可準備開始
　 料理蝦子。

香烤軟絲便當

看到這對澎湖軟絲兄弟是不是感覺很療癒呢？新鮮的軟絲不須過度調味，
一點玫瑰鹽和黑胡椒就很提味，搭配這類清爽的海鮮料理，
副菜風味建議清甜不帶辛香，這樣才能吃出海鮮的自然鮮甜。
帶便當也可以豪邁大口品嘗海味，是不是很開心？

おいしい!!

主食 紅藜小米糙米飯 p.171
主菜 香烤軟絲
配菜 汆燙花椰菜 p.128
　　 生切番茄 p.139
　　 南瓜秋葵 p.155
　　 紅酒溏心蛋 p.166

香烤軟絲

材料（2人份）

澎湖軟絲…2尾
（300g）
檸檬片…4片

調味料
橄欖油…1/4 小匙
玫瑰鹽…1/2 小匙
黑胡椒…少許

蘸醬
檸檬汁…隨喜好

作法

1 軟絲將頭部拉出，眼珠、軟骨和內臟去除並清洗乾淨。
2 軟絲腹部朝上切但不切斷。
3 軟絲用乾紙巾擦乾，烘培紙上刷點油，放上軟絲，軟絲也刷點油，正反面撒些玫瑰鹽和黑胡椒粒。
4 烤箱以攝氏 220 度預熱後烤 15 分鐘不需翻面。
5 取出軟絲沿切痕切斷方便食用，食用前可以擠一點檸檬汁提味。

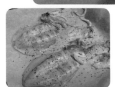

美味小撇步

● 軟絲具有鮮甜的海味，肉質比透抽厚實加點鹽就很美味可口。
● 軟絲料理之前要用紙巾擦乾避免出水，沒擦乾水烤出來口感會差很多喔！
● 相比蝦子，軟絲、鎖管類復熱後味道和口感差異較小。

保冷

復熱

焗烤帆立貝便當

愛吃韓式雜菜嗎？Q 彈的韓式粉絲拌入喜歡的蔬菜並調味，
每一根紛絲都巴上美味醬汁，大口過癮吃雜菜真的很滿足，
再咬一口超大顆、濃濃起司香的焗烤北海道帆立貝，
干貝柱肥美厚實，干貝唇彈牙 Q 滑，每口都鮮甜軟嫩滿足味蕾啊！
韓式風味跟起司很搭啊！

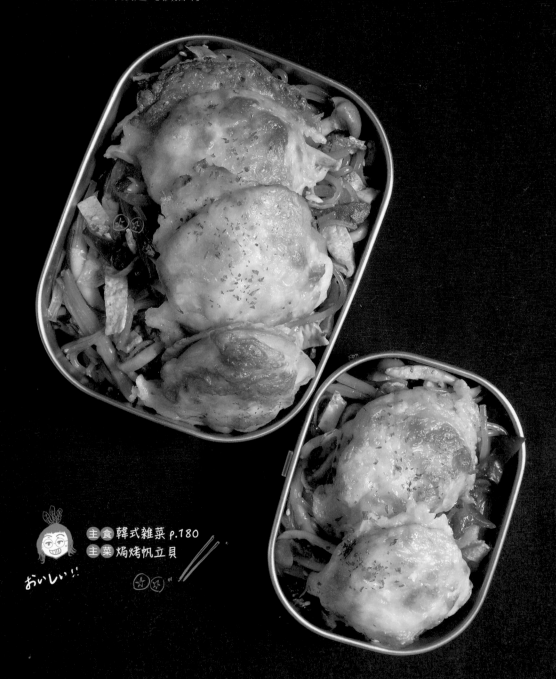

主食 韓式雜菜 p.180
主菜 焗烤帆立貝

おいしい!!

焗烤帆立貝

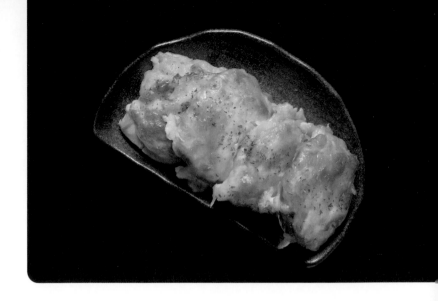

材料（2人份）

北海道冷凍熟帆立貝…5顆（250g）
雙色乳酪絲…50g

調味料
玫瑰鹽…少許
洋香菜葉…少許

作法

1 冷凍熟帆立貝完全解凍後，撒上少許玫瑰鹽。
2 再鋪上乳酪絲。
3 烤箱以攝氏230度預熱後，烤盤置於中層先烤6分鐘。
4 再將烤盤移到上層烤4分鐘，撒上洋香菜葉即完成。

美味小撇步

● 焗烤老少咸宜，起司冷卻之後美味稍有差異，這道料理可以復熱再吃。
● 若不喜歡起司，帆立貝用少許油乾煎至兩面焦化，撒點玫瑰鹽和黑胡椒也無敵美味。

營養更均衡的
副菜們

關於便當副菜，我喜歡簡單搭配。主菜口味濃郁時，副菜盡量保持清爽甘甜，簡單調味就好。反之，主菜較清爽時，副菜可稍稍加重口味但份量減少，目的只要能讓味蕾襯托出主菜風味即可。

盡量使用不易出水的蔬菜來料理，料理手法也盡可能少油少鹽不過度烹煮，讓食材保有原來的自然風味並留住營養。

若便當必須加熱後才食用，建議斟酌加熱時間來安排副菜，微波爐加熱基本上蔬菜比較不容易變色，副菜選用食材可自由搭配。但上班上學若使用的是蒸飯箱加熱，那麼加熱時間多半超過 2 小時，經過長時間加熱容易軟爛變色的蔬菜就盡量避免，紅色蔬菜比較不適合長時間加熱，建議可以善用南瓜和胡蘿蔔來配色，這樣便當看起來還是會美美的。

台灣是農產豐富的美麗寶島，大部分的蔬菜一年四季都有，只有少部分因氣候因素冬天才吃得到。多吃各式不同蔬菜，攝取均衡營養，能讓身體促進新陳代謝，延緩老化，更青春有活力哦！

汆燙綠花椰

材料（2人份）

綠花椰…160g
汆燙用滴油…少許
汆燙用清水…適量

調味料
鹽…1/4 小匙

作法

1 綠花椰菜分切成小朵後，可用小刀或指甲
　將硬皮撕去。
2 若有綠花椰菜菜梗，可將其切成1公分以
　下的厚片，用蔬菜壓模壓花當作裝飾。
3 煮滾水，水中滴入少許油，汆燙花椰菜大
　約2分鐘取出瀝乾。
4 燙好的花椰菜加入鹽拌勻後即完成。

美味小撇步

● 綠花椰利用汆燙會很快熟透，於滾水
　中滴點油可保持花椰菜顏色翠綠。
● 汆燙用的水不需要太多，只要方便綠
　花椰菜翻面即可。

芝麻四季豆

材料（2人份）

四季豆…150g
汆燙用滴油…少許
汆燙用清水…適量

調味料
橄欖油或香油…1/4 小匙
熟白芝麻…1/4 小匙
鹽…1/4 小匙

作法

1 四季豆兩端分別折下，沿著豆莢接縫把粗
　的硬絲撕掉，再將四季豆切段。
2 煮滾水滴少許油，汆燙四季豆大約3分鐘
　取出瀝乾。
3 汆燙好的四季豆先加入橄欖油和鹽拌勻後
　在撒上白芝麻稍微拌一下即完成。

美味小撇步

● 蔬菜類想讓芝麻附著，煮熟後一定要
　瀝乾先沾上一點油再撒上芝麻，如果
　水分太多或是蔬菜太乾沒有油，芝麻
　會沾不住。

水燜四季豆

材料（2人份）
四季豆…120g
清水…2 大匙

調味料
鹽…1/8 小匙

作法
1 四季豆兩端分別折下，沿著豆莢接縫把粗的硬絲撕掉，再將四季豆切段。
2 鍋裡不放油，放入切段的四季豆，加入水和鹽，蓋上鍋蓋以中小火燜到水收乾即完成。

美味小撇步
● 水也可以用清酒取代，火候不要太大，四季豆快熟，很容易燒焦。
● 四季豆爽脆不易出水，是很適合帶便當的副菜。

蒜香醜豆

材料（2人份）
醜豆…150g

調味料
玫瑰鹽…1/4 小匙
清酒…1 大匙
蒜油或蒜香粉…1/4 小匙

作法
1 醜豆兩端分別折下，沿著豆莢接縫把粗的硬絲撕掉，再將醜豆斜切小段。
2 若擔心醜豆莢有髒汙，可以用菜瓜布刷洗醜豆。
3 鍋裡不放油放下醜豆稍微翻一下，倒入清酒用中小火煨熟。
4 醜豆煮熟後顏色呈現均勻，盛起後拌入玫瑰鹽和蒜油即完成。

美味小撇步
● 醜豆遇熱很快熟透，一大匙清酒搭配中小火收乾，此時醜豆口感很輕脆。
● 若沒有蒜油可用蒜香粉取代。

鹽味毛豆

材料（2人份）
毛豆仁…80g
清水…1 米杯

調味料
玫瑰鹽…少許

作法
1 平底鍋倒入一杯水放入毛豆，蓋上鍋蓋燜熟。
2 瀝乾毛豆再拌入少許玫瑰鹽即完成。

美味小撇步
● 我示範的是冷凍毛豆仁，也可以買新鮮的毛豆仁或是毛豆莢煮熟後再剝出毛豆仁。
● 毛豆仁富含植物蛋白，加少許鹽調味就很美味了。

味噌皇帝豆

材料（2人份）
皇帝豆…100g
汆燙用清水…適量

調味料
白味噌…1 小匙
清酒…1 小匙
鰹魚醬油…1 小匙

作法
1 先將皇帝豆汆燙燙熟瀝乾。
2 將調味料放入小碗拌勻。
3 平底鍋小火，將瀝乾的皇帝豆和拌勻的調味料下鍋簡單翻炒收汁即可起鍋。

美味小撇步
● 我示範的是冷凍皇帝豆，也可以買新鮮的剝好的皇帝豆。
● 新鮮的皇帝豆冷藏不好保存，若份量較多可分裝冰入冷凍保存。

XO 醬拌秋葵

材料（3人份）

秋葵…15條（100g）
汆燙用滴油…少許
汆燙用清水…適量

調味料
鹽…1/8小匙
XO醬…1大匙

作法

1 用刨刀將秋葵頂端蒂頭的外皮削去，秋葵用小刷子刷乾淨。
2 煮滾水滴少許油，汆燙秋葵大約2分鐘取出瀝乾。
3 汆燙好的秋葵加入一匙XO醬和鹽拌勻即完成。

美味小撇步

● 秋葵很快熟，不要燙太久會變黑變軟不好吃。
● 如果沒有XO醬也可以油蔥醬或是蒜油取代。

 ## 胡麻醬秋葵

材料（2人份）

秋葵…12條（80g）
汆燙用滴油…少許
汆燙用清水…適量

調味料
胡麻醬…1小匙

作法

1 秋葵頂端蒂頭，用刨刀將外皮削去，秋葵用小刷子刷乾淨後對切。
2 煮滾水滴一點油，汆燙秋葵大約2分鐘取出瀝乾。
3 汆燙好的秋葵淋上一小匙胡麻醬即完成。

美味小撇步

● 秋葵有很特別的外觀，可按自己喜好來切秋葵裝飾便當。
● 滾水裡滴點油可使秋葵保有翠綠色，秋葵很快熟，不要燙太久會變黑變軟不好吃。

烤球芽甘藍

材料（2 人份）
球芽甘藍…150g

調味料
橄欖油…少許
玫瑰鹽…1/4 小匙
黑胡椒…少許

作法
1 球芽甘藍洗乾淨瀝乾切去根部，再對切。
2 將球芽甘藍拌入少許油、玫瑰鹽和黑胡椒。
3 球芽甘藍鋪在烤盤裡的烘培紙上，烤箱預熱至攝氏200度後烤8～10分鐘即完成。

美味小撇步
- 球芽甘藍吃起來有點芥末風味，根部一定要切除才不會苦。
- 用烤箱來烤球芽甘藍，口感比較緊實鹹香。

汆燙球芽甘藍

材料（2 人份）
球芽甘藍…200g
汆燙用滴油…少許
汆燙用清水…適量

調味料
玫瑰鹽…比 1/4 小匙多一點

作法
1 球芽甘藍洗乾淨，切去根部，再對切。
2 燒一鍋水煮滾，滴少許油後汆燙球芽甘藍約3分鐘。
3 汆燙好的球芽甘藍撒上玫瑰鹽拌勻即完成。

美味小撇步
- 球芽甘藍吃起來有點芥末風味，根部一定要切除才不會苦。

小魚乾炒芥藍

材料（2人份）
芥藍菜花…150g
小魚乾…5g

調味料
橄欖油…1/2 小匙
鹽…1/4 小匙
清酒…1/2 大匙

作法
1 將芥藍菜花莖部硬皮削去，洗淨後，折或切成段。
2 平底鍋中小火加點油，先炒香洗淨後的小魚乾。
3 等小魚乾飄出香味，放入芥藍菜花稍微翻炒。
4 再倒入清酒和一點鹽翻炒收汁即完成。

美味小撇步
- 芥藍菜花遇熱也很快熟，加入清酒很甘甜，顏色變淡大致已熟可食用。
- 以清酒代替水烹煮避免蔬菜過多水分以保持便當乾爽。

汆燙青花筍

材料（2人份）
綠花椰…150g
汆燙用滴油…少許
汆燙用清水…適量

調味料
鹽…1/4 小匙

作法
1 青花筍切合適長度，用小刀或指甲將硬皮撕去。
2 滾水中放入少許油，汆燙青花筍大約2分鐘取出瀝乾。
3 汆燙好的青花筍再加入鹽拌勻後即完成。

美味小撇步
- 十字花科蔬菜遇熱很快熟透，滾水中加點油和鹽汆燙可保持花椰菜顏色翠綠。

汆燙蘆筍

材料（2 人份）

蘆筍…200g
汆燙用滴油…少許
汆燙用清水…適量

調味料
玫瑰鹽…比 1/4 小匙多一點

作法

1 蘆筍洗乾淨後，從頂端往根部方向折成小段，每段大約3～4根手指寬度，底部不容易折斷表示太老可丟棄。
2 煮一鍋水，水滾加入少許油汆燙蘆筍。
3 燙好的蘆筍撈出來瀝乾撒上玫瑰鹽即可。

美味小撇步

● 蘆筍備料時，用折的更省時，趕時間時可以這麼試試。
● 蘆筍很快熟，燙一下蘆筍顏色很快就變深，即可起鍋。

椒鹽烤蘆筍

材料（2 人份）

蘆筍…250g

調味料
橄欖油…1/2 小匙
玫瑰鹽…比 1/2 小匙少一點
黑胡椒粒…少許

作法

1 蘆筍靠近根部硬皮削去後切段。
2 蘆筍加入調味料拌勻。
3 烤盤上鋪上烘培紙將蘆筍鋪在烘培紙上不要重疊。
4 烤箱上下火以攝氏200度預熱後烤8分鐘即完成。

美味小撇步

● 蘆筍也是很快熟透的蔬菜，烤箱烤過口感比汆燙或清炒爽脆，偶爾用烤的也不錯喔。

乾煎櫛瓜

材料（2人份）

綠櫛瓜…150g

調味料

橄欖油…1 小匙
玫瑰鹽…1/4 小匙
黑胡椒…少許

作法

1 櫛瓜切薄片。
2 平底鍋中小火加入橄欖油，放入櫛瓜片，
  慢慢煎。
3 待一面焦化後翻面繼續煎，再撒上玫瑰鹽
  和黑胡椒即完成。

美味小撇步

● 櫛瓜口感扎實乾爽，少許油乾煎後風
  味絕佳好適合帶便當。

培根龍鬚菜

材料（2人份）

龍鬚菜去除粗梗…150g
培根…1 條 25g

調味料

鹽…1/4 小匙

作法

1 龍鬚菜折成小段，靠近根部太粗可將外皮
  纖維撕去。
2 鍋裡不放油，先將培根油煵出。
3 待培根油釋出，培根邊緣捲曲，倒入龍鬚
  菜和鹽拌炒，再稍微蓋鍋蓋燜熟即完成。

美味小撇步

● 龍鬚菜含有足夠水分，不須加水，以
  培根帶出香味，一點點鹽調味即可。

培根皇宮菜

材料（2 人份）
皇宮菜…250g
培根…1 條（25g）

調味料
鹽…比 1/2 小匙少一點

作法
1 將培根切小丁，放入鍋裡小火慢煎。
2 培根慢慢煸出油變焦酥時，將皇宮菜放入鍋中拌炒。
3 起鍋前加一點鹽稍微翻炒即完成。

美味小撇步
● 皇宮菜加熱後很快熟透也會稍微出水，不需另外加水或酒也輕脆好吃。

椒鹽烤小黃瓜

材料（2 人份）
小黃瓜…150g

調味料
橄欖油…1/4 小匙
玫瑰鹽…少許
黑胡椒…少許

作法
1 小黃瓜洗乾淨，切滾刀塊。
2 取一容器放入小黃瓜和調味料，翻拌均勻。
3 將調味好的小黃瓜鋪在烤盤烘培紙上，烤箱上下火以攝氏180度預熱後烤10分鐘即完成。

美味小撇步
● 用烤的小黃瓜，口感爽脆扎實，而且也很入味。

蒜香油菜花

材料（2人份）
油菜花…200g

調味料
橄欖油…1/2 小匙
鹽…比 1/4 小匙多一點
清酒…1/2 大匙
蒜香粉…1/4 小匙

作法
1 油菜花洗淨後，折或切成段，有花的分開放。
2 平底鍋中小火加點油，放入油菜花，帶花的葉菜推一邊。
3 加點鹽並倒入清酒稍微翻炒，起鍋前拌點香蒜粉即完成。

美味小撇步
● 油菜花也是很容易熟的菜但容易出水，加入少許清酒帶甘甜但務必收乾菜汁。
● 香蒜粉若用蒜油代替，第 2 點不須加橄欖油操作。

鹽麴高山娃娃菜

材料（2人份）
高山娃娃菜…200g
汆燙用滴油…少許
汆燙用清水…適量

調味料
橄欖油…1 小匙
鹽麴…1/2 大匙

作法
1 將高山娃娃菜每支芽折下，洗淨，個頭較大的可對切。
2 燒一鍋滾水滴入少許油汆燙娃娃菜，大約 1～2分鐘可起鍋瀝乾。
3 平底鍋中小火加入油，倒入汆燙好的娃娃菜加入鹽麴拌炒即完成。

美味小撇步
● 高山娃娃菜遇熱很快熟，汆燙變色即可起鍋，煮太久軟爛比較不好吃。
● 這種菜吃起來爽嫩飽嘴有芥末風味，很有大人味。

小魚炒山蘇

材料（2人份）
山蘇…200g
蒜頭…7g
小魚乾…7g

調味料
橄欖油…1 小匙
玫瑰鹽…比 1/4 小匙多一點

作法
1 蒜頭切薄片，小魚乾洗乾淨，山蘇對切或折對半。
2 平底鍋中小火加入油，先慢慢炒香小魚乾，再放下蒜片炒出香味。
3 放入山蘇和玫瑰鹽翻炒，山蘇顏色變深即可起鍋。

美味小撇步
● 山蘇富含鐵和鈣，是一種脆脆嫩嫩美味的蕨類，單炒蒜片也很好吃。

蒜香彩椒絲

材料（2人份）
水果彩椒…60g

調味料
清酒…1/2 大匙
蒜油…1/4 小匙
玫瑰鹽…少許

作法
1 水果彩椒切細絲。
2 平底鍋中小火不放油放入甜椒絲和清酒，不蓋鍋蓋把彩椒煨軟。
3 拌入蒜油和玫瑰鹽即完成。

美味小撇步
● 水果彩椒是自然甘甜，這道菜是蒜香風味撒一點鹽提味就很好吃囉！

清燙彩椒

材料（2人份）
水果彩椒…50g
汆燙用清水…適量

調味料
無

作法
1 水果彩椒依喜好切塊狀或切條狀都可以。
2 中大火燒一點水，水滾下彩椒汆燙1～2分鐘即可取出。

美味小撇步
● 水果彩椒是自然甘甜，洗乾淨可生食，但為了保持便當衛生，簡單汆燙比較放心。

生切番茄

材料（2人份）
小番茄…1～2顆（或牛番茄2片）

調味料
無

作法
1 小番茄洗乾淨擦乾不切或用乾淨的刀具和切菜板對切後放入便當即可。

美味小撇步
● 番茄是最容易應用的紅色蔬菜，用來裝飾便當簡單又方便。
● 一定要將番茄清洗後表面生水用乾淨的乾紙巾擦乾才裝入便當盒確保衛生。

梅干小番茄

材料（2人份）
小番茄…4 顆
紀州梅干…2 個

調味料
無

作法
1 小番茄洗乾淨擦乾，用刀子中間切一刀不切斷。
2 梅干對切，將梅干塞入番茄切口即完成。

美味小撇步
- 蜜餞小番茄清爽解膩，梅干也可以用其他喜歡的蜜餞來取代。
- 洗乾淨小番茄一定要擦乾，絕不可把生水帶入便當裡。

烤小番茄

材料（2人份）
小番茄…8 顆

調味料
橄欖油…少許
玫瑰鹽…少許

作法
1 小番茄洗乾淨擦乾不切或對切。
2 放入烤盤番茄噴少許油，切面撒點玫瑰鹽，烤箱以攝氏220度預熱後烤8分鐘即完成。

美味小撇步
- 小番茄加點鹽烤過後會軟爛但更甘甜，用來裝飾便當最簡單了。
- 整顆烤視覺效果也很棒。

烤南瓜片

材料（2人份）
南瓜⋯150g

調味料
橄欖油⋯少許
玫瑰鹽⋯少許
黑胡椒粒⋯少許

作法
1 南瓜去籽切厚度0.8～1公分薄片。
2 取一烤盤鋪上南瓜片，南瓜噴點油，撒上
　玫瑰鹽和黑胡椒粒。
3 烤箱上下火以攝氏200度預熱後烤12分鐘
　即完成。

美味小撇步
● 南瓜滋味香甜，少許鹽和黑胡椒提味
　就很美味。

麻香胡蘿蔔絲

材料（2人份）
胡蘿蔔⋯100g

調味料
黑麻油⋯1 小匙
白芝麻⋯適量

作法
1 胡蘿蔔刨絲。
2 中小火起一鍋，下點麻油炒胡蘿蔔絲。
3 翻炒胡蘿蔔絲，再撒上白芝麻即完成。

美味小撇步
● 冬季胡蘿蔔很清甜，不需要加鹽也很
　好吃，若不習慣也可以適量加點鹽調
　味。

油鹽茄子

材料（2 人份）

紫茄…50g

調味料
橄欖油…少許
鹽…少許

醋鹽水
醋…1 小匙
鹽…1/2 小匙
清水…適量

作法

1 茄子切段泡入醋鹽水20分鐘。
2 取出茄子放入一個可微波的碗中，加入調味料拌一下，蓋上耐熱蓋或保鮮膜，耐熱蓋效果較佳。
3 放入微波爐，最大火力微波2分鐘，直到茄子冷卻再掀開矽膠蓋或保鮮膜取出即完成。

美味小撇步

● 茄子品種不同，燒好的茄子顏色也不同，本產的長形紫茄用微波方式最能保持顏色，也最紫。
● 如果沒有微波爐，可將茄子泡過醋鹽水後壓入滾水中燙熟，或電鍋加半杯水，等電鍋蒸出蒸氣後再將茄子放入，蓋上蓋子蒸至少 5 分鐘，燙熟或蒸熟後立刻泡冰水定色也可以。

金沙拌苦瓜

材料（2 人份）

綠色苦瓜…150g
鹹蛋…1 顆
嫩薑…3 片
汆燙用滴油…少許
汆燙用清水…適量

調味料
橄欖油…1 小匙
香油…1 小匙

作法

1 苦瓜洗乾淨，用小湯匙將苦瓜內膜完全去除後切薄片，嫩薑片切絲。
2 煮一滾鍋水，水裡加幾滴油汆燙苦瓜，燙熟撈起。
3 平底鍋放入橄欖油，下薑絲，切開鹹蛋，用湯匙將鹹蛋挖到鍋裡，用鍋鏟把鹹蛋壓碎拌炒，鹹蛋經過油煸後會產生很多氣泡。
4 炒出香味後，倒入瀝乾的苦瓜和香油拌勻即可以關火。

美味小撇步

● 苦瓜內膜完全去除才不會苦。
● 這道金沙苦瓜是把苦瓜燙熟後拌入炒香的鹹蛋，屬於比較清爽的作法。

昆布醬油茭白筍

材料（2人份）
茭白筍…70g
汆燙用清水…適量

調味料
昆布醬油…1 小匙

作法
1 當季茭白筍對後切滾刀長段。
2 起一熱鍋燒滾水汆燙茭白筍約2～3分鐘可起鍋。
3 燙熟的茭白筍淋上昆布醬油即完成。

美味小撇步
- 茭白筍也可以先不剝殼汆燙或用電鍋蒸熟後再切。
- 昆布醬油也可以用鰹魚醬油、白醬油取代都清甜好吃。

蝦米茭白筍

材料（2人份）
茭白筍…3 條（100g）
乾蝦米…50g
清水…1 大匙

調味料
橄欖油…1/2 小匙
鹽…比 1/8 小匙多一點
清酒…1 大匙

作法
1 蝦米洗淨瀝乾，當季茭白筍切滾刀塊。
2 鍋裡放入油先炒香蝦米乾。
3 倒入茭白筍和1大匙清水，稍微燜一下，待水收乾、撒入鹽和清酒翻炒，至茭白筍稍微焦化即完成。

美味小撇步
- 茭白筍不容易出水，需要加一點水分燜透比較好吃。
- 蝦米爆香後的香氣會巴在茭白筍上。

蝦米炒白花椰

材料（2人份）
白花菜…200g
乾蝦米…50g
清水…100cc

調味料
橄欖油…1小匙
鹽…比1/4小匙多一點
清酒…1大匙

作法
1 蝦米洗淨瀝乾，白花菜切分小株洗淨。
2 鍋裡放入油先炒香蝦米乾。
3 倒入白花菜和100cc清水，稍微煨燜一下，待水收乾、撒入鹽和清酒翻炒，至白花菜稍微焦化即完成。

美味小撇步
● 白花菜需要加水燜透比較好吃。
● 蝦米爆香後的香氣會巴在白花菜上，清酒增加鮮甜風味，鹽可斟酌調整。

胡蘿蔔娃娃菜

材料（2人份）
娃娃菜…150g
胡蘿蔔…50g

調味料
橄欖油…1小匙
鹽…比1/4小匙多一點
清酒…1小匙

作法
1 娃娃菜對切沖洗乾淨、胡蘿蔔切絲。
2 中小火鍋內下1小匙油將胡蘿蔔絲炒軟。
3 放入對切的娃娃菜，切面先朝下並加入清酒和鹽煨一下再翻面。
4 娃娃菜很快熟只要酒汁收乾即可起鍋。

美味小撇步
● 娃娃菜加熱會出水，不需要加水就很容易煮熟，若怕燒焦將火轉小慢慢煨即可避免。
● 胡蘿絲用油炒軟後釋放甜味是很好提味食材。

香菇桂竹筍

材料（2人份）

煮熟的桂竹筍…100g
乾香菇…3 朵
辣椒…半條（5g）

調味料
橄欖油…1/2 大匙
鹽…1/4 小匙
冰糖…1/2 大匙
清酒…1 大匙

作法

1 桂竹筍從底部先剝成兩半，再分別剝成長
　條狀，洗淨後瀝乾並切段。
2 乾香菇用冷水泡軟切絲，辣椒也切絲。
3 鍋裡放入油先炒香香菇絲和辣椒絲。
4 倒入桂竹筍翻炒，撒入鹽和冰糖再倒入清
　酒翻炒，湯汁一會兒收乾即完成。

美味小撇步

● 桂竹筍要多一點油炒才不乾澀。
● 清酒除了增加香氣外，也讓桂竹筍濕
　潤好翻炒，務必先加鹽和冰糖後倒入
　清酒，這樣調味料可以在收乾湯汁之
　前充分拌勻。

辣味筍絲

材料（2人份）

綠竹筍…120g
辣椒…1 條（10g）

調味料
橄欖油…1/4 大匙
鹽…1/8 小匙

作法

1 綠竹筍不剝殼放入裝冷水的湯鍋裡，蓋上
　鍋蓋煮滾水後轉中小火繼續煮30分鐘。
2 煮好的綠竹筍沖水冷卻後，剝去殼切絲。
3 辣椒切小段，鍋裡放入油先炒香辣椒。
4 倒入筍絲再撒點鹽，稍微翻炒即可起鍋。

美味小撇步

● 煮綠竹筍時不要掀鍋蓋，筍肉比較甘
　甜。

漬蘿蔔

材料（2人份）

白蘿蔔…100g
紫色高麗菜…50g

殺青醃料
鹽…1/4 小匙
糖…1/4 小匙

醃料
檸檬汁…1 顆檸檬
冰糖…1 大匙

作法

1 白蘿蔔切小塊或用蔬菜壓模壓出花形後刻出花瓣細節，撒上調味料放置半小時殺青擠乾水。
2 紫色高麗菜洗乾淨擦乾切絲或剝小片，放入乾淨保鮮盒中，並倒入醃料，檸檬汁會立刻變成紫紅色。
3 將殺青好的蘿蔔片置入紫紅色的檸檬水中放置冷藏一天以上即完成。

美味小撇步

● 這是沒有加水的懶人版做法，放置一天，紫色高麗菜會出水，冰糖也會慢慢溶解，浸泡的蘿蔔顏色會變深。

涼拌木耳玉米筍

材料（2人份）

去殼玉米筍…4 根（共 60g）
雲耳…20g
嫩薑…10g
辣椒…3g
汆燙用清水…適量

調味料
白醋…2 小匙
鹽…1/8 小匙
糖…1 小匙

作法

1 雲耳不切，玉米筍切成適口大小，嫩薑切絲、辣椒切片。
2 大火燒滾水，放入玉米筍和雲耳汆燙約2分鐘撈起瀝乾。
3 燙熟玉米筍和雲耳拌入其他材料和調味料靜置15分鐘即完成。

美味小撇步

● 辣椒可以用紅色彩椒取代。
● 依據便當擺盤需要，玉米筍也可以不切。
● 涼拌菜靜置入味，裝入便當前務必甩乾醬汁，或裝入分菜盒避免湯汁弄濕煮食或其他菜色。

蒜香鴻喜菇

材料（2人份）
鴻喜菇…150g（含根部）

調味料
玫瑰鹽…1/8 小匙
蒜香粉…1/2 小匙

作法
1 鴻喜菇切去根部後剝開。
2 平底鍋中小火不放油，放入鴻禧菇煸出水。
3 鴻喜菇乾煸出香味，撒入玫瑰鹽和蒜香粉稍微拌炒即完成。

美味小撇步
● 鴻喜菇煸出水分後，充滿菇菇香氣，口感爽脆。
● 調味料是在鍋裡撒入，巴上食材份量跟使用鍋具不同或有差異，請斟酌用量。

七味唐辛子鴻喜菇

材料（2人份）
鴻喜菇…120g（含根部）

調味料
玫瑰鹽…1/8 小匙
七味唐辛子（七味粉）…1/8 小匙

作法
1 鴻喜菇切去根部後剝成小株。
2 平底鍋中小火不放油，放入鴻禧菇煸出水。
3 鴻喜菇乾煸成金黃色撒入玫瑰鹽和七味粉稍微拌炒即完成。

美味小撇步
● 鴻喜菇煸出水分後，充滿菇菇香氣，口感爽脆。
● 調味料是在鍋裡撒入，巴上食材份量跟使用鍋具不同或有差異，請斟酌用量。

三色胡椒鴻喜菇

材料（2人份）
鴻喜菇…120g（含根部）

調味料
玫瑰鹽…1/8 小匙
三色胡椒粒…少許

作法
1 鴻喜菇切去根部後剝開。
2 平底鍋中小火不放油，放入鴻禧菇煸出水。
3 鴻喜菇乾煸成金黃色撒入玫瑰鹽和三色胡椒粒稍微拌炒即完成。

美味小撇步
- 鴻喜菇煸出水分後，充滿菇菇香氣，口感爽脆。
- 若沒有三色胡椒粒也可用喜歡的香料取代，如迷迭香或義式香料。

 紅酒煨蘑菇

材料（2人份）
蘑菇…4朵（35g）

調味料
玫瑰鹽…少許
紅酒…1/2 大匙

作法
1 蘑菇拔去蒂頭。
2 平底鍋中小火不放油，放入蘑菇煸出水。
3 蘑菇正反面乾煸成金黃色，倒入紅酒煨到湯汁收乾，撒點玫瑰鹽即完成。

美味小撇步
- 蘑菇煸出水分後，充滿菇菇香氣，口感爽脆。
- 紅酒風味蘑菇搭配牛小排很提味。

芥末籽醋蘑菇

材料（2人份）
蘑菇…60g

調味料
法式芥末籽醬…1 小匙
巴薩米克醋…1 小匙

作法
1 蘑菇對切。
2 平底鍋中小火不放油，放入蘑菇煸出水。
3 蘑菇正反面乾煸成金黃色，關火倒入巴薩米克醋和芥末籽醬，趁鍋裡還有餘溫翻拌均勻即可起鍋。

美味小撇步
● 蘑菇煸出水分後，充滿菇菇香氣，口感爽脆。
● 芥末籽醬＋巴薩米克醋風味獨特，蘑菇不需加鹽就升級成很美味的副菜。

香烤草菇

材料（2人份）
草菇…180g

調味料
橄欖油…1 小匙
玫瑰鹽…1/4 小匙
黑胡椒…少許

作法
1 草菇用刷子刷去雜質，切去根部。
2 取一容器倒入草菇，先淋上油翻拌草菇，再撒入玫瑰鹽和黑胡椒拌勻。
3 烤箱以攝氏160度預熱後，將草菇烤20分鐘後即完成。

美味小撇步
● 選擇表面完整沒有破損的草菇，烤起來湯汁鎖在草菇中，風味最佳。
● 草菇搭配各式香料來烤都非常美味，冷冷吃也很好吃。
● 草菇不易保存，新鮮草菇一買回家最好馬上烤或汆燙，否則很容易因沾上生水腐敗。

黑胡椒杏鮑菇

材料（2人份）
杏鮑菇…70g

調味料
玫瑰鹽…少許
黑胡椒…少許

作法
1 杏鮑菇切薄片，迷你杏包菇可不切。
2 平底鍋中小火不放油，放入杏鮑菇煸乾水分稍微焦化。
3 杏鮑菇煸出香味後，撒入玫瑰鹽和黑胡椒稍微拌炒即完成。

美味小撇步
● 杏鮑菇煸出水分後，充滿菇菇香氣，口感 Q 彈，這道黑胡椒可撒多一些，也可適量淋些香油或辣油。
● 乾煸菇類是很適合作為便當的小菜，更換不同的調味料就變化出一道不同風味的小菜囉！

椒鹽手撕杏鮑菇

材料（2人份）
杏鮑菇…100g

調味料
玫瑰鹽…少許
黑胡椒…少許

作法
1 杏鮑菇撕成細條。
2 平底鍋中小火不放油，放入杏鮑菇煸乾水分稍微焦化。
3 杏鮑菇煸出香味後，撒入玫瑰鹽和黑胡椒稍微拌炒即完成。

美味小撇步
● 杏鮑菇煸出水分後，充滿菇菇香氣，口感 Q 彈。
● 調味料是在鍋裡撒入，巴上食材份量跟使用鍋具不同或有差異，請斟酌用量。

乾煎松本茸

材料（2人份）
松本茸…2朵

調味料
玫瑰鹽…適量
黑胡椒粒…1/8 小匙

作法

1 松本茸用刷子刷去雜質不必清洗，根部切除後將松本茸對切。
2 平底鍋中小火不放油，松本茸切面朝下煸出水，菇肉成焦黃可翻面再煎。
3 翻面後菇菇的傘狀部，可利用平底鍋鍋邊圓弧來比較好煎。
4 兩面都煸乾水呈現金黃色撒上玫瑰鹽和黑胡椒粒即完成。

美味小撇步

● 松本茸是菇類中含水分較少的，煸乾水分後口感更 Q 彈。

蒜香珊瑚菇

材料（2人份）
珊瑚菇…70g

調味料
蒜油…少許
玫瑰鹽…少許

作法

1 珊瑚菇分成三檻，超市購入的珊瑚菇根部很嫩，我都留著吃。
2 珊瑚菇烤前不必噴油也不必加調味料，烤箱預熱至攝氏180度後烤10分鐘。
3 烤好的珊瑚菇先淋上蒜油後再撒些玫瑰鹽即完成。

美味小撇步

● 沒有蒜油用蒜香粉也可以，先拌點橄欖油再撒上蒜香粉和玫瑰鹽。
● 所有的菇類，乾煸或烘烤後加上不同調味料，風味都很棒，比如麻辣醬或柚子醋都可以。

雪白菇彩椒炒豆干

材料（3 人份）
雪白菇…1 包（120g）
彩椒…50g
豆干…60g

調味料
橄欖油…1 小匙
鹽…1/4 小匙
黑胡椒粒…1/8 小匙

作法
1 雪白菇切去根部切小段、彩椒切丁、豆干切丁。
2 平底鍋裡不放油先乾煸雪白菇，待雪白菇收乾水呈現焦化。
3 鍋裡倒入油並加入彩椒丁和豆干拌炒。
4 待食材差不多已熟，加入鹽和黑胡椒稍微翻拌一下即完成。

美味小撇步
● 雪白菇不要加油直接炒，務必先乾煸過，待水收乾就會飄出菇類香氣。

 ## 蘑菇彩椒炒毛豆

材料（2 人份）
蘑菇…50g	**調味料**
紅彩椒…50g	清酒或米酒…1 小匙
毛豆仁…60g	玫瑰鹽…1/8 小匙
	黑胡椒…1/8 小匙

作法
1 蘑菇對切、紅彩椒切成小丁。
2 平底鍋裡不放油放入蘑菇，蘑菇先切面朝下，中小火乾煸蘑菇兩面讓蘑菇收乾水。
3 蘑菇稍微焦化飄出香味，加入紅彩椒和毛豆仁，淋上清酒翻炒。
4 起鍋前用玫瑰鹽和黑胡椒稍微翻炒即完成。

美味小撇步
● 這道菜不放油，用一點米酒或清酒取代水來燒蔬菜，可以減少蔬菜類出水，讓便當保持乾爽。
● 蘑菇乾煸後產生蘑菇香氣，加上彩椒的甘甜，只要少許調味就很美味。

番茄毛豆

材料（2人份）
小番茄…4 顆
熟毛豆仁…60g

調味料
鰹魚醬油…1 小匙

作法
1 小番茄對切。
2 平底鍋裡不放油放入熟毛豆仁和小番茄，
　加入鰹魚醬油，中火燜一下收乾汁即完
　成。

美味小撇步
● 若使用生毛豆建議先燙熟再來燒這道
　小菜。生毛豆仁買回後，先燙熟再冷
　凍是比較方便的保存方式。

蔥花彩椒油豆腐

材料（2人份）
調味油豆腐…160g
彩椒…60g
蔥…20g

調味料
玫瑰鹽…少許

作法
1 油豆腐切丁、彩椒切丁、青蔥切蔥花。
2 平底鍋中火不放油，倒入油豆腐丁燜熱。
3 油豆腐燜出湯汁後，倒入彩椒丁翻炒。
4 起鍋前撒入蔥花，加入鹽拌炒即完成。

美味小撇步
● 已調味的油豆腐有足夠的油和水分能
　燜熟彩椒，不需要另外加油也無須過
　度調味。

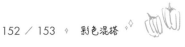

水果彩椒釀豆腐

材料（2人份）
板豆腐…200g
水果彩椒…2個（紅黃各一）

調味料
鹽…比 1/4 小匙多一點
白胡椒…少許
黃芥末醬…1/2 小匙

作法
1 板豆腐用電鍋蒸過後去除水。
2 板豆腐壓碎，拌入調味料。
3 水果彩椒尾端切掉一小塊露出一個小洞。
4 將調味好的豆腐填滿水果彩椒用力壓，讓多餘豆腐水從彩椒尾端流出。
5 烤箱上下火以攝氏180度預熱後烤8分鐘即完成。

美味小撇步
● 這道菜是水果彩椒清甜配上清爽豆腐口感，簡單烤讓彩椒多汁卻不軟爛。

椒鹽豆包絲

材料（2人份）
生豆包…2個（共 120g）
胡蘿蔔…20g
香菜…10g

調味料
橄欖油…1/2 大匙
鹽…1/4 小匙
白胡椒…1/8 小匙
香油…少許

作法
1 胡蘿蔔切絲，香菜切細末，豆包拉開撕成適當長度的粗絲。
2 鍋中小火鍋裡倒入油，炒軟胡蘿蔔絲。
3 倒入豆包絲翻炒，豆包絲呈現金黃色並飄出豆香。
4 起鍋前加入調味料和香菜末翻拌即完成。

美味小撇步
● 生豆包是製作熱豆漿最上面那層冷卻的豆皮，非常營養並適合各式料理，單純乾煎後撒一點鹽也很香很好吃。

南瓜秋葵

材料（2人份）
南瓜去籽…120g
秋葵…60g

調味料
橄欖油…1/2 小匙
清酒…1 大匙
鹽…1/4 小匙

作法
1 秋葵去蒂頭切小段，南瓜去皮或不去皮皆可切丁。
2 平底鍋中小火放點油，再放入南瓜丁於火心上面。
3 倒入清酒蓋上鍋蓋，慢火將南瓜煨熟。
4 待南瓜都熟透，放入秋葵稍微翻拌一下，再蓋上鍋蓋大約2分鐘。
5 撒點鹽翻炒一下即可起鍋。

美味小撇步
- 南瓜本身也帶有水分，一大匙清酒可以燜熟南瓜並收乾湯汁，若不加清酒也可以用水來燜但一定要收乾。
- 秋葵遇熱很快熟，蓋上鍋蓋利用水氣可以熟透沒問題，但不宜燜過久，秋葵變軟爛就不好吃了。

南瓜茄子

調味料
橄欖油…1/2 小匙
清酒…2 大匙
鹽…1/8 小匙或更少

材料（2人份）
南瓜去皮去籽…40g
茄子…60g

醋鹽水
醋…1 小匙
鹽…1/2 小匙
清水…適量少

作法
1 茄子對切切段，先泡入醋鹽水中20分鐘，取出瀝乾放入一大個可微波的大碗，倒入油並撒上鹽，攪拌均勻後蓋上可微波的耐熱矽膠蓋，微波最大火力2分鐘。微波後直到茄子慢慢冷卻都不要打開蓋子。
2 南瓜切小小丁，中小火鍋裡不放油加入南瓜小丁和清酒，蓋上鍋蓋將南瓜煨軟。
3 茄子冷卻後打開蓋子放入軟爛南瓜簡單翻拌一下即完成。

美味小撇步
- 這道菜是以南瓜自然的甘甜來搭配茄子軟滑的口感，涼涼的吃風味舒爽。
- 紫茄定色還可以參考 p.142「油鹽茄子」食譜。

番茄堅果炒蛋

材料（2 人份）

番茄…100g
雞蛋…2 顆
綜合堅果…25g

調味料
橄欖油…1/2 大匙
白葡萄酒…1 小匙
鹽…1/8 小匙

作法

1 番茄切小塊，雞蛋攪打均勻成蛋汁。
2 平底鍋中大火倒入油並燒熱，倒入蛋汁待蛋汁邊緣有稍稍捲曲，快速撥動滑蛋約六、七分熟即盛起。
3 原鍋放入番茄塊和白葡萄酒，蓋上鍋蓋轉中小火將番茄煨熟。
4 番茄煨軟後倒入滑蛋、堅果和鹽，稍稍翻拌即可起鍋。

美味小撇步

- 加入堅果讓口感更有層次。
- 煨煮番茄不需加太多水，番茄具甜味，加入少許鹽提味即可。

酸辣拌三絲

材料（2 人份）

木耳…35g
水果彩椒…70g
雞蛋…2 顆

調味料
橄欖油…1 小匙

醬汁
白醋…1 小匙
鹽…1/8 小匙
冰糖…1/2 小匙
辣油…1 小匙

作法

1 雞蛋攪打均勻成蛋汁，木耳、彩椒切絲。
2 先煎蛋皮，平底鍋中小火放入油並燒熱，倒入蛋汁後將平底鍋稍微離火，用畫圓式搖晃鍋子讓蛋汁平均鋪滿鍋裡。
3 鍋子放回爐上轉大火，蛋汁邊緣微微捲起可熄火並蓋上鍋蓋燜5分鐘，接著取出蛋皮切成蛋絲。
4 原鍋放入木耳絲和彩椒絲稍微拌炒後熄火，再將蛋絲倒入，並加入醬汁翻拌均勻即完成。

美味小撇步

- 蛋皮用燜的方式比較不容易破。
- 彩椒和木耳有熟即可，不要過熟才能保留清脆口感。

珠貝香菇炒蘆筍

材料（2人份）

蘆筍…100g
（已去除底部粗的部分）
香菇…4 朵
小番茄…6 個
珠貝乾…10g

調味料
玫瑰鹽…1/4 小匙
橄欖油…1 小匙

醃料
米酒…1 大匙

作法

1 珠貝泡入米酒隔夜，或用米酒蒸軟。
2 蘆筍根部用刨刀削去粗皮後折斷或切斷、香菇去蒂對切、香菇蒂頭切片、小番茄對切。
3 平底鍋中小火不放油先乾煸香菇，待香菇煸乾兩面稍微焦化。
4 鍋裡直接加點油並放入已泡軟的珠貝和香菇一起爆香。
5 接著倒入蘆筍段並將泡過珠貝的米酒淋到鍋裡，起鍋前倒入小番茄和玫瑰鹽快速翻拌一下即完成。

美味小撇步

- 蘆筍也可以先用滾水汆燙再和小番茄一起簡單翻炒。
- 新鮮香菇用刷子刷去雜質先乾煸過，香味更迷人，而且蒂頭也可以吃不要丟掉喔！

 # 鹽麴蘑菇小黃瓜

材料（2人份）

蘑菇…5 朵（45g）
水果彩椒…30g
小黃瓜…100g

調味料
鹽麴…1 小匙
橄欖油…1/2 小匙

作法

1 小黃瓜、蘑菇切片，水果彩椒切丁。
2 平底鍋中小火不放油先乾煸蘑菇，待蘑菇煸乾兩面稍微焦化。
3 鍋裡直接加入油並放入彩椒和小黃瓜和鹽麴，快速翻炒一分鐘即完成。

美味小撇步

- 秋天的水果彩椒和小黃瓜都清爽甘甜，加入鹽麴提味不需過度烹煮，稍微翻炒收汁正是爽脆可口。

番茄秋葵炒蘑菇

材料（2 人份）
小番茄…50g
秋葵…100g
蘑菇…50g

調味料
橄欖油…1/2 小匙
鰹魚醬油…1 小匙

作法
1. 小番茄、蘑菇對切，秋葵切丁。
2. 平底鍋中小火不放油放入蘑菇先乾煸，待蘑菇兩面都煸至金黃。
3. 鍋裡加點油並放入小番茄、秋葵丁和鰹魚醬油，簡單翻炒收汁即完成。

美味小撇步
- 蘑菇有弧度那面可利用平底鍋邊緣的弧度來乾煸。
- 這道料理不需要煨軟番茄，鰹魚醬油收乾就好，番茄變軟不好吃。

醜豆南瓜雪白菇

材料（2 人份）
醜豆…100g
南瓜…60g
雪白菇…100g

調味料
橄欖油…1 小匙
玫瑰鹽…少許

作法
1. 醜豆切小段、南瓜切丁，雪白菇剝小株。
2. 平底鍋中小火不放油放入雪白菇先乾煸，待雪白菇煸乾稍微焦化。
3. 鍋裡直接加點油並放入南瓜，簡單翻炒後蓋上鍋蓋轉小火慢慢將南瓜煨軟。
4. 加入醜豆丁撒點玫瑰鹽再蓋上鍋蓋燜上2分鐘，稍微拌炒一下即完成。

美味小撇步
- 南瓜也有足夠水分，掀開鍋蓋，可將鍋蓋上的蒸氣滴下水淋到鍋裡，不另外加水也可慢慢煨軟，這道菜有南瓜清甜風味，撒點鹽就很好吃。

清炒彩椒蘑菇

材料（2人份）
水果紅彩椒…50g
黃彩椒…50g
蘑菇…30g

調味料
橄欖油…1/2 小匙
清酒…1 小匙
玫瑰鹽…1/8 小匙

作法
1 彩椒切塊狀、蘑菇對切。
2 平底鍋中小火不放油放入蘑菇先乾煸，待
　蘑菇兩面都煸至金黃。
3 鍋裡直接加點油並放入彩椒和清酒，簡單
　翻炒。
4 起鍋前拌入玫瑰鹽即完成。

美味小撇步
● 水果紅彩椒食材甘甜爽脆，切勿過度
　烹煮，搭配蘑菇香稍微調味就很美味。

梅漬番茄小黃瓜

材料（2人份）
小黃瓜…1 條　　　　**殺青醃料**
小番茄…8 顆　　　　玫瑰鹽…少許
紫蘇梅汁…1 小匙　　糖…少許

調味料
無

作法
1 小黃瓜切薄片後，加入殺青醃料放置20分
　鐘以上，待小黃瓜出水殺青去除生澀味。
2 殺青後的小黃瓜和對切的小番茄拌入紫蘇
　梅汁即完成。

美味小撇步
● 糖能滲透進蔬菜中帶出水，想要去除
　蔬菜中水分的話，除了加點鹽別忘了
　也加點糖。
● 建議這道副菜可在前一晚提前準備好
　裝入保鮮盒冷藏，不但菜色能更入味，
　做便當也能更簡單。

電鍋水蒸蛋

材料（2 人份）
雞蛋…2 顆

調味料
無

作法
1 雞蛋從冰箱取出，直接放在電鍋內蒸盤上。
2 外鍋倒入1米杯的水，計時蒸11分鐘。
3 等待過程中準備一個大碗裝入過濾水或冷開水，冷水或冰水都可以。
4 時間到立刻將蛋取出並放入冷水中。
5 等雞蛋完全冷卻，剝去蛋殼，用細線交叉將雞蛋圈起，用力往兩端線頭拉去將蛋割開即完成。

美味小撇步
● 計時時間到務必盡快將蛋泡入冷水，越晚取出，蛋黃越熟，顏色就變淡了。
● 大家的電鍋品牌和尺寸有差異，如果蛋黃太生請多蒸 1 分鐘，如果太熟請減少蒸 1 分鐘，或自行微調修正即可。

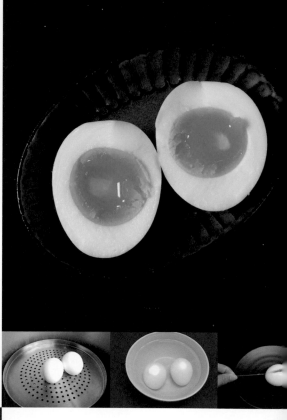

荷包蛋

材料（2 人份）
雞蛋…2 顆

調味料
橄欖油…1 大匙
鹽…少許

作法
1 不沾鍋倒油轉中火，鍋燒熱將兩顆蛋分開打入鍋裡避免黏在一起。
2 等蛋白變色，用鍋鏟將蛋對摺後壓住，鍋鏟不要鬆開，待蛋白黏住定型才將鍋鏟移開。
3 接著轉中小火慢慢煎荷包蛋，可以用料理筷或鍋鏟輕壓蛋黃的位置，若軟軟的表示蛋黃還沒全熟，如果硬硬的表示蛋黃熟透。
4 取出荷包蛋從蛋黃處對切即完成。

美味小撇步
● 這是吃起來酥酥的荷包蛋，要有耐心慢慢煎到蛋黃熟透，切開後蛋黃看起來才會飽滿。

雲朵太陽蛋

材料（2人份）

雞蛋…2 顆

調味料
橄欖油…1 大匙
鹽…少許

作法

1 將蛋白蛋黃分開，蛋白攪打均勻不需要打發，蛋黃小心保留完整不要弄破。
2 不沾鍋倒油轉中火，鍋燒熱將平底鍋斜放，倒入蛋白讓蛋白留在鍋邊。
3 用料理筷快速攪拌加熱中的蛋白，製造雲朵效果並塑形使其適合放入便當尺寸。
4 等蛋白變色大約七分熟，在蛋白中間用筷子戳出一個凹洞，把蛋黃輕輕放在凹陷上方。
5 鍋裡加入一大匙水，慢慢讓水流往太陽蛋下方，小火煨一下，視喜好蛋黃的熟度，用鍋鏟輕輕將雲朵太陽蛋鏟起滑入盤子上或便當盒裡即完成。

美味小撇步

● 鍋裡放點水是加速蛋黃外膜定型，放水容易油爆請注意安全，或也可以不加水，有耐心小火慢慢煎。

起司滑蛋

材料（2人份）

雞蛋…2 顆
Havarti 起司…1 片

調味料
橄欖油…1/2 大匙

作法

1 不沾鍋倒油轉中火，鍋燒熱將兩顆蛋攪打均勻成蛋汁後倒入鍋中。
2 等蛋汁的邊緣呈捲曲狀，用料理筷將蛋快速滑撥幾下。
3 趁蛋汁大約六分熟將起司片放入，簡單翻炒一下即完成。

美味小撇步

● 這種起司是帶鹹味的，蛋汁不需另外加調味料，融化的香濃起司與蛋結合又凝固，即使冷卻享用，也有一樣好的滋味。
● 也可以先把起司撕小碎片先放入蛋汁，再一起倒入熱鍋裡來料理。

蔥花荷包蛋

材料（2人份）

雞蛋…2 顆
蔥花…10g

調味料
橄欖油…1 小匙
玫瑰鹽…1/8 小匙

作法

1 不沾鍋倒油轉中小火，先在鍋裡下一撮蔥花，稍微煎出蔥香味。
2 將雞蛋打在蔥花上頭，撒點鹽，可將一些蔥花撥到蛋白上，慢慢煎到喜歡的熟度即可。

美味小撇步

● 我用的是冷凍蔥花，新鮮青蔥洗過風乾，切成蔥花冷凍保存，方便隨時取用。可參考 p.188「食材增香小技巧」。
● 這是道懶人煎蛋料理，可享用蔥蛋滋味卻能少洗一個打蛋汁的容器，趕時間時可以試試。

乾煎雞蛋豆腐

材料（2人份）

雞蛋豆腐…150g

調味料
橄欖油…1/2 大匙
七味粉…隨喜好

作法

1 半盒雞蛋豆腐倒扣後，先攔腰切半，再按照豆腐底部切線，切成大約1.5公分的豆腐丁。
2 不沾鍋倒油轉中小火，將雞蛋豆腐溫柔地倒入鍋中不要堆疊慢慢煎。
3 每一面都煎上色即可起鍋。
4 起鍋後的雞蛋豆腐可直接吃或是撒上七味粉再享用。

美味小撇步

● 市售的雞蛋豆腐已有調味，不需要再添加其他調味也很好吃的。

香滷鵪鶉蛋

材料（4～5人份）

熟鵪鶉蛋…24 顆

調味料
薄鹽醬油…1 大匙
味醂…1 大匙
清水…100ml
花椒…3 粒
八角…半顆

作法

1 把鵪鶉蛋清洗乾淨後瀝乾。
2 取一小鍋中小火加入鵪鶉蛋和調味料煮滾後，用小火繼續煮10分鐘。
3 過程中可搖晃一下鍋子讓鵪鶉蛋平均上色，泡涼之後將鵪鶉蛋取出即完成。

🧡 美味小撇步

● 根據超市購買的鵪鶉蛋成分表，6 顆熟鵪鶉蛋總計 72 大卡，而一顆水煮蛋大約 75 大卡，所以一份便當我通常會放大約 5～6 顆鵪鶉蛋。
● 熟鵪鶉蛋簡單滷過之後，外型討喜且非常美味，很適合帶便當。

原味煎蛋捲

材料（2人份）

雞蛋…2 顆（用 28 公分平底鍋來料理份量剛好，若鍋子比較大可用 3 顆蛋）。

調味料
橄欖油…1 小匙
鹽…1/8 小匙

作法

1 雞蛋加入鹽打成蛋汁。
2 不沾鍋中小火或小火，鍋裡放點油，油稍熱倒入蛋汁，拿起鍋子輕輕畫圓搖晃讓蛋汁平均鋪滿在鍋裡。
3 煎蛋一凝固成形，立刻用鍋鏟將蛋由右往左對摺成半月型或長方形，再從尖端處往另一尖端捲起。
4 剛煎好的蛋捲用竹簾捲好，稍微放涼成型再分切即完成。

🧡 美味小撇步

● 蛋汁也可以添加其他調味料但比較容易燒焦，請注意火候。
● 蛋汁遇熱凝固時馬上做成蛋捲，口感最嫩，如果喜歡蛋香則需加長煎蛋時間，煎蛋變硬會比較不好捲，多嘗試幾次可自行調整。

堅果煎蛋捲

材料（2人份）

雞蛋⋯2 顆（用 24 或
28 公分平底鍋來料理
份量剛好，若鍋子比
較大可用 3 顆蛋）
綜合原味堅果⋯25g

調味料
橄欖油⋯1/2 大匙
鹽⋯1/8 小匙

作法

1 雞蛋加入 鹽打成蛋汁。
2 不沾鍋，鍋裡放入油，中小火或小火，油稍
　熱倒入蛋汁，拿起鍋子輕輕畫圓搖晃讓蛋汁
　平均鋪滿在鍋裡。
3 在蛋汁一邊鋪上堅果也可分散鋪上堅果。
4 煎蛋一凝固成形，立刻用鍋鏟將蛋皮慢慢捲
　起。
5 待蛋捲稍涼再分切即完成。

美味小撇步

● 蛋汁也可以添加其他調味料但比較容易燒
　焦，請注意火候。
● 蛋汁遇熱剛凝固時比較好捲，完整堅果粒
　容易弄破蛋皮，趕時間時建議把堅果搗碎
　再鋪上蛋汁會比較容易操作。

紫菜玉子燒

材料（2人份）

雞蛋⋯3 顆
免洗乾紫菜（澎菜）⋯3g

調味料
橄欖油⋯1/2 大匙
鹽⋯1/4 小匙

作法

1 蛋打成蛋汁，將乾紫菜斯小碎片放入，稍
　微浸軟，加入鹽拌勻。
2 玉子燒鍋，中小火或小火，鍋裡先放部
　分油，油稍熱倒入1/3紫菜蛋汁，慢慢捲
　起，將蛋捲推到一邊，倒入油再繼續倒蛋
　汁，這樣動作重複三次。
3 捲好的玉子燒分切即完成。

美味小撇步

● 紫菜遇熱即熟，故不需先浸泡熱水。
● 喜歡甜一點的風味可以在蛋汁裡加點
　糖，味酥或美乃滋，不過要注意火候
　避免燒焦。

胡蘿蔔煎蛋捲

材料（2 人份）

雞蛋…2 顆（用 28 公分平底鍋來料理
份量剛好，若鍋子比較大可用 3 顆蛋）
胡蘿蔔…50g

調味料
橄欖油…1/2 大匙
鹽…1/8 小匙

作法

1 胡蘿蔔刨成細絲，或切更小。雞蛋加入鹽打成蛋汁。。
2 不沾鍋中小火或小火，鍋裡放點油，油稍熱倒入胡蘿蔔絲，並
　將胡蘿蔔絲炒軟。
3 將胡蘿蔔絲分散在平底鍋，倒入蛋汁，拿起鍋子輕輕畫圓搖晃
　讓蛋汁平均鋪滿在鍋裡。
4 煎蛋一凝固成形，立刻用鍋鏟將蛋由右往左對摺成半月型或長
　方形後，再從尖端處往另一尖端捲起。
5 剛煎好的胡蘿蔔蛋捲用竹簾捲好稍微放涼成型再分切即完成。

美味小撇步

● 胡蘿蔔絲切越小炒越軟，蛋捲越好捲。
● 蛋汁遇熱凝固時馬上做成蛋捲，口感最嫩，如果喜歡蛋香則
　需加長煎蛋時間，煎蛋變硬會比較不好捲，多嘗試幾次可自
　行調整。
● 蛋捲捲得不好看或不完整都沒關係，用竹簾捲緊放涼蛋捲就
　會定型。

紅酒溏心蛋

材料（8 人份）

雞蛋…8 顆
（紅殼或白殼蛋都可
以，料理時間有差異）
冰塊…適量
煮蛋水…可淹過雞蛋
鹽…1 大匙

醃蛋醬汁
昆布醬油…1/2 米杯
紅葡萄酒…2/3 米杯
水…1 米杯
冰糖…1/2 大匙（或
味醂 20cc）
八角…1 粒
花椒…3 粒

美味小撇步

- 溏心蛋因為不是全熟蛋食用，務必注意食材品質以及確保料理過程衛生。
- 建議等 B 醬汁冷卻再做 A7 剝蛋動作，避免蛋接觸空氣太久。
- 每次做好的溏心蛋建議 3 日內完食。
- 若分次取出溏心蛋，務必使用乾淨且乾燥的湯匙取蛋。

 ## 家常溏心蛋

材料（5 人份）

雞蛋…5 顆
（紅殼或白殼蛋都可
以，料理時間有差異）
冰塊…適量
煮蛋水…可淹過雞蛋
鹽…1 大匙

醃蛋醬汁
鰹魚醬油…1/2 米杯
清酒…1/2 米杯
水…1 米杯
味醂…1/2 米杯
大蒜…1 粒
薑片…2 片

美味小撇步

- 溏心蛋因為不是全熟蛋食用，務必注意食材品質以及確保料理過程衛生。
- 建議等 B 醬汁冷卻再做 A7 剝蛋動作，避免蛋接觸空氣太久。
- 每次做好的溏心蛋建議 3 日內完食。
- 若分次取出溏心蛋，務必使用乾淨且乾燥的湯匙取蛋。
- 清酒可以使用花雕酒取代，或是醬汁裡加入一顆八角和幾粒花椒變成五香風味。

作法

A 煮溏心蛋

1 燒一鍋開水，水量能淹過蛋就好。
2 準備好計時器、濾杓及一鍋冷水備用。
3 把蛋從冰箱拿出來，放先在濾杓裡擺一邊。
4 水滾後繼續大火，加一大匙鹽在水裡，隨即把濾杓裡的蛋輕輕滑入滾水中，馬上開啟計時，冰的紅殼蛋計時7分45秒，冰的白殼蛋計時7分15秒。
5 當煮蛋的水再度煮開，用筷子將每顆蛋轉一轉，這動作可以讓蛋黃置中。
6 計時時間到馬上關火用濾杓把蛋撈出來泡冷水，並再加一些冰塊到冷水中。
7 待煮好的蛋浸泡至完全冷卻，再剝蛋殼，用小支湯匙敲碎蛋殼，蛋殼破裂越密越好剝。
8 剝好的每顆蛋建議用冷開水再次沖過，一定要確保雞蛋不會被細菌汙染。
9 由於雞蛋品牌和規格不同，同樣時間煮出來的蛋黃流心程度會有差異，圖片中的溏心蛋蛋黃裡面比切面更軟，大家自行修正煮蛋時間來調整自己喜歡的流心程度。

B 煮醬汁

1 準備一個用來裝煮好醬汁的玻璃或不鏽鋼保鮮盒，用電鍋蒸過，或用開水燙過甩乾水確保容器很衛生。
2 取一乾淨鍋子將醃蛋醬汁煮滾，倒入上述玻璃或不銹鋼容器中放置並直到完全冷卻。

C 浸泡溏心蛋

1 剝好的冷蛋放入冷卻醬汁中浸泡並將容器封好，隨即放入冰箱冷藏
2 偶爾取出保鮮盒晃一晃浸泡中的溏心蛋，讓蛋均勻上色，隔日入味即完成。

更有飽足感的

主食

おいしい!!

紅藜糙米飯

材料與比例
糙米：紅藜：清水⋯5：1：7

作法
1 糙米和紅藜 5：1 混合清洗乾淨。
2 混合後的米放入電鍋，加入清水，並依照自家的煮飯方式來操作。
3 電鍋煮好飯後，建議燜上 20 分鐘再食用。

美味小撇步
- 煮糙米要多加點水，視喜好酌量加水，煮好之後燜一下就會軟 Q 好入口。
- 不喜歡糙米太硬口感，也可以先浸泡糙米 6 小時。

小米糙米飯

材料（總計 2 杯米）
糙米⋯1.5 米杯
小米⋯0.5 米杯
清水⋯2.5 杯

作法
1 糙米和小米 3：1 將米混合清洗乾淨。
2 混合後的米放入電鍋，加入清水，並依照自家的煮飯方式來操作。
3 電鍋煮好飯後，建議燜上 20 分鐘再食用。

美味小撇步
- 煮糙米要多加點水，煮好之後燜一下就會軟 Q 好入口。
- 糙米先浸泡 6 小時再烹煮口感更佳。

紅藜小米糙米飯

材料（總計 2.5 杯米）
糙米…1 杯
白米…1 杯
小米 + 紅藜…合計半杯
清水…3 杯

作法
1 將材料混合清洗乾淨。
2 清洗後放入電鍋，加入清水，並依照自家的煮飯方式來操作。
3 電鍋煮好飯後，建議燜上 20 分鐘再食用。

美味小撇步
● 煮糙米要多加點水，視喜好增加，煮好之後燜一下就會軟 Q 好入口。
● 各種米的比例可以按自己喜好調整。
● 糙米建議先浸泡 6 小時，口感比較好。

黃金炒飯

材料（2 人份）
白飯…160g
雞蛋…1 顆

調味料
橄欖油…1 小匙
鹽…1/8 小匙
黑胡椒粒…少許

作法
1 雞蛋均勻打成蛋汁並將白飯放入蛋汁中，使每一粒米飯都沾上蛋汁。
2 平底鍋中火，鍋裡倒下油稍微燒熱，將蛋汁飯倒進鍋裡翻炒。
3 待蛋汁都炒熟後，用鍋鏟輕壓黏在一起的飯粒使其分開，再加入鹽和黑胡椒粒繼續翻炒，直到每一粒米飯都粒粒分明即完成。

美味小撇步
● 米飯先沾上蛋汁後，炒動時飯粒一定會慢慢粒粒分開，這是炒飯簡易版很適合廚房新手。

櫛瓜海苔酥飯卷

材料（2人份）
紅藜糙米小米飯…180g
櫛瓜…120g
海苔酥…15g

調味料
鹽水（1/2 小匙鹽 + 白開水 100ml）

作法
1 櫛瓜用乾淨乾燥的刨刀刨成長長的薄片共
  25 片。
2 櫛瓜片在熟食砧板上慢慢捲起，空心處大
  約可穿過食指。
3 將櫛瓜卷置於虎口夾住，另一手沾點鹽水
  抓米飯填入櫛瓜卷。
4 吃的時候可以搭配海苔酥一起吃。

美味小撇步
- 把飯填入櫛瓜卷的動作很像將飯填入
  壽司豆皮一樣，用虎口固定很好操作。
- 鹽水只是防止米飯沾黏在手上，不需
  要太鹹。
- 海苔酥可以直接填入飯卷裡，也可以
  放在旁邊配著吃。

紫蘇海鹽飯糰

材料（2人份）
白飯…180g
紫蘇葉…4 片

調味料
海鹽…少許

作法
1 耐熱保鮮膜中間撒一點海鹽。
2 放上熱白飯，用保鮮膜包成喜歡的形狀。
3 打開保鮮膜，把紫蘇葉緊貼在飯糰上再把
  保鮮膜包起來放涼即完成。。

美味小撇步
- 飯糰是搭配便當菜當主食用，建議飯
  糰不宜口味太鹹。
- 包飯糰時無須太用力捏緊，大致將飯
  黏住捏成喜歡的形狀，三角形、橢圓
  形皆可，等飯涼再解開保鮮膜，飯糰
  就會定型不易散開。
- 如果沒有紫蘇葉，也可以用香菜或是
  九層塔取代。

海苔飯糰

材料（2人份）
白飯…170g
海苔片 18cmX10cm…1 張（調味或無調味皆可）

調味料
無

作法
1 用耐熱保鮮膜將白飯包緊，捏成橢圓形。
2 等米飯放涼後再拆保鮮膜以固定形狀。
3 海苔剪成3長條，個別圈黏在飯糰上即可。

美味小撇步
● 黑白相間的海苔飯糰製作起來非常簡單，裝入便當可愛討喜。
● 海苔可視喜愛口味選用，米飯也可以使用糙米飯、醋飯都可以。

毛豆櫻花蝦飯糰

材料（2人份）
白飯…150g
毛豆…25g
新鮮冷凍櫻花蝦…30g

調味料
橄欖油…1/2 小匙
玫瑰鹽…少許

作法
1 冷凍櫻花蝦解凍洗淨，用廚房紙巾吸去水分。
2 生毛豆燙熟或冷凍毛豆退冰。
3 平底鍋中小火，鍋裡倒下油稍微燒熱，先炒香櫻花蝦。
4 櫻花蝦炒熟飄出香氣，加入毛豆和玫瑰鹽稍微拌炒後起鍋。
5 炒好的毛豆櫻花蝦拌入白飯中。
6 將拌好的櫻花蝦飯用耐熱保鮮膜包成喜歡的形狀，放涼再拆去保鮮膜即完成。

美味小撇步
● 飯糰是搭配便當菜當主食用，建議飯糰不宜口味太鹹。
● 包飯糰時無須太用力捏緊，大致將飯黏住捏成喜歡的形狀，等飯涼再解開保鮮膜，飯糰就會定型不易散開。

梅子風味飯糰

材料（2人份）
白飯…180g

調味料
梅子醬…10g

作法
1 煮好的白飯放在耐熱保鮮膜上，順便秤重決定飯糰大小。
2 隔著保鮮膜捏出喜歡的形狀，圓形最簡單。
3 轉緊飯糰保鮮膜收口處放入便當盒想放的位置，再調整一下飯糰形狀，底部稍微壓平，就這樣不拆保鮮膜放涼。
4 冷卻後的飯糰去除保鮮膜放入便當盒中，填上梅子醬即可。

美味小撇步
- 台灣不容易買到日本醃漬的生梅，卻有各式梅醬，建議使用甜度較低的梅子醬做飯糰比較對味。
- 包飯糰時無須太用力捏緊，飯粒中間保留空隙才好吃，大致將飯黏住捏成喜歡的形狀，等飯涼再解開保鮮膜，飯糰就會定型不易散開。

原味豆皮壽司

材料（2人份）
調味壽司豆皮…6個
紅藜小米糙米飯…150g

調味料
無

作法
1 壽司豆皮放入電鍋蒸10分鐘，並擠去湯汁。
2 豆皮袋口往下反摺比較美觀。
3 填入米飯後稍微整理壽司形狀，輕壓米飯即完成。

美味小撇步
- 調味的壽司豆皮偏甜，蒸過後擠去湯汁，一方面避免食入過多糖分，二方面可以保持便當乾爽。

松子紅藜豆皮壽司

材料（2人份）
調味壽司豆皮…4 個
松子…6g
紅藜糙米飯…130g

調味料
無

作法
1 平底鍋中小火，鍋裡不放油倒入松子乾煸出香味起鍋。
2 松子拌入紅藜糙米飯。
3 壽司豆皮放入電鍋蒸 10 分鐘，並擠去湯汁，豆皮袋口往下反摺比較美觀。
4 填入米飯後稍微整理壽司形狀，輕壓米飯即完成。

美味小撇步
● 調味的壽司豆皮偏甜，蒸過後擠去湯汁，一方面避免食入過多糖分，二方面可以保持便當乾爽。

洋蔥燒肉豆皮壽司

材料（2人份）
調味壽司豆皮…6 個　　　　調味料
白米飯…100g　　　　　　　橄欖油…1/2 小匙
梅花肉片…100g　　　　　　黃金烤肉醬…1 大匙
洋蔥…100g　　　　　　　　白芝麻…少許

作法
1 洋蔥切丁，梅花肉片切小片。
2 鍋裡倒入油先炒香洋蔥，下梅花肉片炒至焦香收乾水，淋上黃金烤肉醬翻炒均勻後起鍋。
3 白飯拌入炒好的洋蔥燒肉，拌均勻。
4 將洋蔥燒肉飯填入豆皮後，輕壓米飯撒上白芝麻及完成。。

美味小撇步
● 調味的壽司豆皮偏甜，蒸過後擠去湯汁，一方面避免食入過多糖分，二方面可以保持便當乾爽。
● 這款洋蔥燒肉豆皮壽司，白飯的比例較少，適合減醣。

紅藜小米南瓜豆皮壽司

材料（2人份）
調味壽司豆皮…7個
紅藜…20g
小米…30g
南瓜去籽…250g

調味料
水…70cc（約米杯0.4杯）

作法
1. 紅藜小米洗淨後加入水用電鍋蒸熟。
2. 南瓜蒸軟去皮，壽司豆皮放入電鍋蒸10分鐘並擠去湯汁。
3. 煮熟的紅藜小米和蒸熟的南瓜泥拌均勻。
4. 將拌好的餡料分成7份填入壽司豆皮即完成。

美味小撇步
- 調味的壽司豆皮偏甜，蒸過後擠去湯汁，一方面避免食入過多糖分，二方面可以保持便當乾爽。
- 若擔心南瓜泥吃不飽，可將小米比例提高或加一點糙米一起煮增加飽足感。

毛豆雞蛋豆皮壽司

材料（2人份）
調味壽司豆皮…6個
白米飯…120g
熟毛豆…30顆
（約20～25g）
雞蛋…1顆

調味料
橄欖油…1/2小匙
鹽…少許或不加

作法
1. 蛋汁裡加少許鹽攪拌均勻，平底鍋中小火鍋裡倒入油和蛋汁，用料理筷炒熟碎蛋。
2. 壽司豆皮放入電鍋蒸10分鐘並擠去湯汁。
3. 豆皮袋口往下反摺比較美觀。
4. 填入米飯後稍微整理壽司形狀，輕壓米飯。
5. 再填上炒好的碎雞蛋和毛豆即完成。

美味小撇步
- 調味的壽司豆皮偏甜，蒸過後擠去湯汁，一方面避免食入過多糖分，二方面可以保持便當乾爽。
- 毛豆和碎雞蛋也可以先拌入米飯，再直接填入壽司豆皮裡。

菜肉煎餃

材料（2人份）
冷凍菜肉水餃…12 顆（約 360g）

調味料
橄欖油…1/2 大匙
水…1 米杯

🍳 作法

1 平底鍋中火放油，放入冷凍水餃，每顆水餃放法盡量一致。
2 輕輕將水加入鍋裡蓋上鍋蓋，水煮滾轉小火燜熟水餃。
3 待鍋裡的湯水慢慢收乾，打開鍋蓋轉中火煎 3～5 分鐘讓水餃底部上色即完成。
4 若要底部焦化顏色更均勻，可關火 2 分鐘後再盛出。

🍴 **美味小撇步**

● 想要做冰花煎餃可用麵粉水代替清水，但若是用來帶便當的煎餃，為了方便裝盤，用清水來燜煎即可。
● 乾煎時間越長，底部越焦酥，且自行斟酌。

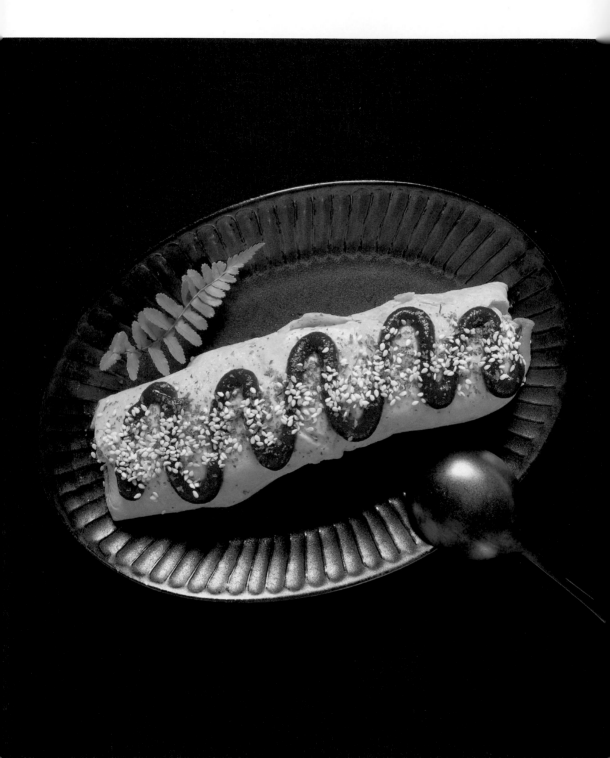

蛋包飯

🥄 **材料**（2 人份）

紅藜小米糙米飯…160g

雞蛋…3 顆

調味料

橄欖油…3 小匙

番茄醬…少許

白芝麻…少許

洋香菜葉…少許

🍳 **作法**

1. 2 顆雞蛋和 1 顆雞蛋分別均勻打成蛋汁，要做大小各一張蛋皮。

2. 取一只 28 公分平底鍋開中火，鍋裡倒下 2 小匙油燒熱，將 2 顆蛋蛋汁倒進鍋裡，並拿起鍋子慢慢高低傾斜，以畫圓方式將蛋汁均勻散佈形成一張圓蛋皮。

3. 這時趁蛋皮只有 6 分熟，蓋上鍋蓋開大火大約 3 秒後立刻關火再燜上 5 分鐘。

4. 若家中有較小的平底鍋，可同上列步驟用 1 小匙將一顆蛋蛋汁也煎成小蛋皮。

5. 煎好的蛋皮不需要翻面，將蛋皮張開覆蓋在便當盒上。

6. 取適量米飯填在便當盒裡的蛋皮上，米飯的位置可依想擺放蛋包飯的位置和形狀來裝填。

7. 用蛋皮將米飯包起或捲起，多餘的蛋皮捲到便當盒側邊或蛋包飯下面使蛋皮完整覆蓋米飯（或是將蛋皮包好之後，蓋上便當蓋倒扣再把蛋包飯小心移到便當盒中）。最後擠上番茄醬，撒上白芝麻和洋香菜葉即完成。

🍱 **美味小撇步**

- 用燜的方式來煎蛋皮，新手也一定會成功，唯一需要注意的是，如果便當盒小只需要一顆蛋，建議不要用太大的平底鍋來煎，如果蛋皮無法成圓形會比較難包米飯。例：一顆蛋的蛋皮用 20 ～ 24 公分平底鍋，2 顆蛋的蛋皮用 28 公分平底鍋。

- 建議蛋皮寬度大於便當寬度的兩倍，這樣比較好操作，如果沒有小平底鍋，就用兩顆蛋來煎蛋皮喔！

韓式涼拌雜菜

🍲 **材料**（3 人份）

韓國粉絲…150g
豬肉絲…100g
小松菜…100g
胡蘿蔔…50g
櫛瓜…90g
洋蔥…125g
木耳…70g
鴻喜菇…1 包（100g）
雞蛋…2 顆
汆燙用清水…適量

調味料
煎蛋用橄欖油…1/2 大匙
炒肉用醬油…1 小匙

醬汁
鰹魚醬油…100cc
韓式辣醬…1 大匙
七味唐辛子…1/2 大匙
白芝麻…1 大匙
蒜油…1 大匙

📖 **作法**

1 先煮粉絲，韓國粉絲先泡冷水半小時，泡軟後用滾水煮約 7～8 分鐘，煮熟後撈起沖衛生無虞的冷水後瀝乾。
2 小松菜切段汆燙燙熟擠乾水，鴻喜菇剝開，其餘蔬菜切絲備用。
3 炒肉絲，平底鍋中小火不放油，倒入肉絲後慢慢炒到肉汁收乾，再倒入醬油拌炒入味。
4 煎蛋皮，雞蛋攪打均勻，平底鍋中小火倒入橄欖油，熱鍋倒入蛋汁，搖晃鍋子使蛋汁均勻成圓形蛋皮約七分熟，蓋上鍋蓋立刻關火燜 5 分鐘後取出蛋皮後切絲。
5 將鴻喜菇和切絲的蔬菜，倒入煎過蛋皮的平底鍋，利用潤過油的油鍋慢慢炒熟。
6 最後，取一大碗或鋼盆，把粉絲、豬肉絲和所有食材及醬汁都加入，並翻拌均勻即完成。

🍳 **美味小撇步**

● 經典的韓式雜菜會使用菠菜，調味料也自成一格，不過這道料理食材和調味料都可隨自己喜好調整，怎麼吃都很美味。
● 鰹魚醬油已帶有甜味，就不用再另外加糖以減少糖分攝取。
● 韓式粉絲經料理後是比較不易沾黏的粉絲，很適合帶便當。

泰式酸辣寬粉

🍳 材料（2 人份）

寬粉絲⋯100g
透抽⋯250g
洋蔥⋯125g
蒜頭⋯30g
雞蛋⋯2 顆
小番茄⋯10 顆
檸檬⋯2 顆（擠汁）
香菜⋯20g
薑⋯10g
食用水漂洗香菜用⋯適量

調味料
橄欖油⋯2 小匙

醬汁
魚露⋯20cc
蜂蜜⋯1 大匙
糖⋯1/2 大匙
辣椒粉⋯1/2 大匙
香油⋯1/2 大匙
檸檬汁⋯從材料取用

📖 作法

1 寬粉絲先以溫水泡軟後，用滾水煮到透明可撈起。
2 兩顆蛋打勻，蒜頭切片、薑磨成薑泥、小番茄對切、洋蔥切絲、透抽除去內臟和軟骨後洗淨切段，看起來會像是很多透抽圈圈。
3 熱鍋中小火放 1 小匙油，將蛋汁倒入鍋裡，用料理筷來回撥動一下即可將滑蛋起鍋備用。
4 原鍋不必洗再下 1 小匙油，先炒香蒜片和薑泥。
5 將透抽和洋蔥絲一起下鍋翻炒。
6 當透抽切口捲起顏色變白，可倒入小番茄煎單簡單翻炒即可起鍋。
7 取一料理鋼盆或大碗，將燙熟的粉絲、滑蛋、翻炒好的透抽和其他食材倒入料理盆中，隨後加入醬汁和食用水漂洗過的香菜切成細末，翻拌均勻即完成。

🍲 美味小撇步

● 基於衛生考量，便當若不會立即食用，我建議涼拌使用的食材都要烹調一下比較好。
● 洋蔥不必炒軟，依照料理步驟，口感仍脆。
● 可切一小塊檸檬放在便當袋，吃便當之前再淋上一點檸檬汁增添風味，也可幫助鬆開寬粉。
● 這道料理若要在家中食用，洋蔥和小番茄可以不必下鍋，可改用泡過水的生洋蔥絲和洗淨的生小番茄，更具泰式風味。

炒寧波年糕

材料（2人份）

寧波年糕…300g
四季豆…100g
胡蘿蔔…40g
蘑菇…100g
木耳…50g
雞蛋…2 顆
九層塔…20g
清水…200ml

調味料

橄欖油…1 小匙
鹽…3/4 小匙
香油…1 小匙
白胡椒…少許

作法

1 年糕洗淨瀝乾。
2 蘑菇切片、胡蘿蔔用壓花模壓成小花，並用小刀刻出花瓣間隔。
3 四季豆折成三隻手指頭寬的長度、木耳剝成小片
4 起一熱鍋中小火放 1 小匙油，將蛋打勻後倒入鍋裡，用料理筷來回撥動一下即可將滑蛋起鍋備用。
5 原鍋中小火，倒入蘑菇片乾煸收乾水。
6 接著倒入年糕、胡蘿蔔花、木耳、清水和鹽，稍微翻拌一下蓋上鍋蓋中火燜煮。
7 待年糕燒軟，鍋裡還有湯汁時將四季豆放入翻炒，四季豆很快熟透，這時加入白胡椒、香油、滑蛋和九層塔翻炒一下即可起鍋。

美味小撇步

● 雞蛋很快熟，過度加熱會太老，若想保有軟嫩口感，建議熱油撥動蛋汁成型後即起鍋備用，待整道料理快完成時再加入即可，此作法可適用於其他料理。
● 冷掉的年糕會黏在一起，炒年糕更適合加熱食用。
● 喜歡吃辣的話，可加入新鮮辣椒、乾辣椒、辣椒粉或辣椒醬，口味不同但都很讚喔！

番茄蘑菇義大利麵

材料（2 人份）

義大利直麵…130g
牛番茄…150g
蘑菇…50g
煮麵用清水…約 1000ml

調味料

鹽…1 小匙
橄欖油…1 小匙
番茄義大利麵醬…3 大匙
昆布醬油…1 大匙
冰糖…1 小匙
義式香料…少許

作法

1 蘑菇切片，牛番茄切丁或切絲。
2 同時起兩個爐，一邊用鍋子燒水，滾水加入 1 小匙鹽，中火慢慢將義大利直麵煮至七分熟。
3 另一邊起平底鍋中小火，倒入蘑菇片乾煸出水上色。
4 蘑菇煸好，平底鍋裡倒入油和番茄丁，將番茄炒軟。
5 轉小火，倒入義大利麵醬、七分熟的義大利麵、昆布醬油和冰糖翻炒煨一下。
6 起鍋前撒一點義式香料即可。

美味小撇步

● 我個人偏好剛好吸飽醬汁的義大利麵體，不喜歡麵條過濕，如果你喜歡多點醬汁，可加少許高湯或是白酒，不建議加水，但湯汁太多不適合帶便當喔！
● 可將燒好的義大利麵拌少許橄欖油，攤開在大盤子上，冷卻後再裝便當，這樣的麵條比較不會黏在一起，這是一位嫁給日本先生的煮婦朋友 G 小姐傳授的絕招。
● 這是簡易版的便當義大利麵主食，若在家餐食用，建議可加絞肉和乾酪風味更佳。

櫻花蝦金瓜拌米粉

🍥 材料（2 人份）

米粉…60g
南瓜…150g
新鮮冷凍櫻花蝦…20g
煮米粉用清水…800ml

調味料
橄欖油…1 小匙
鹽…1/8 小匙
香油…1 小匙
水…130cc
黑醋…15cc（分裝兩份附在便當裡）

🍳 作法

1 米粉先用冷水泡軟，櫻花蝦解凍清洗瀝乾，南瓜切薄片備用。

2 瓦斯爐開兩鍋，一邊平底鍋，一邊湯鍋。湯鍋燒開水，將米粉汆燙 1～2 分鐘至米粉變白後，將燙熟的米粉撈起瀝乾。

3 平底鍋中小火，鍋裡倒入油，炒香櫻花蝦，接著放入南瓜片，加入 30cc 水，將南瓜煨軟，當平底鍋裡湯汁已收乾，再加入 100cc 水至煮滾。

4 把米粉倒入平底鍋中，均勻拌入鹽和香油收乾湯汁即完成。

🍲 美味小撇步

● 運用煸香的櫻花蝦以翻拌的方式來取代炒米粉，美味又省時。

● 用小醬料瓶裝入少許黑醋放入便當袋中，吃米粉之前先淋上黑醋，可幫助鬆開，米粉吃起來不會太乾，口味酸酸好開胃。

食材增香
小技巧

能盡量運用原型食材來增添料理的香氣，
是最健康也最營養的。
料理前只需注意這些食材特性，
多一道工序就能使其發揮最佳作用。

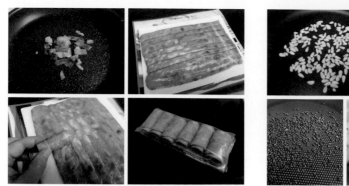

培根

培根富含油脂，不須另外放油，中小火冷鍋放入慢慢煸出油和香氣，拌炒各式蔬菜都很美味。

超市或賣場買回來的培根，建議冷凍之前先整理分裝，便於平時取用。

作法

1 拆開包裝將培根連底下的紙板取出。
2 把每一條培根捲起。
3 整齊排好裝入保鮮袋冷藏。

美味小撇步

- 捲好的冷凍培根，輕易可取出，解凍後方便料理。
- 培根已經有鹹味，搭配其他料理時鹽份酌量即可。
- 市售培根種類很多，油脂含量差異大，請根據飲食習慣選用。
- 煸出培根油可用來炒菜，但務必儘早用完。

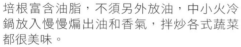

堅果

各式堅果都很適合入菜，比如做便當最常使用的白芝麻黑芝麻、松子和腰果。

一般市售的芝麻多半已經炒熟可以直接食用，但我還是會把芝麻再炒香一些。而松子和腰果我習慣買生的冷凍保存，根據需求再來炒熟或烘熟。

堅果有其特殊香氣與口感，簡單處理過後香氣更是優質。

作法

芝麻
小火不放油將芝麻炒出香氣後，撒在燒好的肉或菜上頭。炒過的芝麻表面微焦，咬起來尾韻有濃濃的芝麻香，就像燒餅上的芝麻一樣。

松子
小火不放油將松子炒出香氣，需要不停翻動，松子焦化炒出香氣可起鍋，松子香氣很優質口感很脆適合入義大利麵或做飯糰。

腰果
烤箱上下火預熱至攝氏 120 度烤 20 分鐘，過程中途查看並翻面，出爐的腰果放涼後可當零食或入菜。

美味小撇步

- 務必小火有耐心慢慢炒，要注意堅果非常容易燒焦。
- 炒香過程中可輕輕搖晃鍋子代替鍋鏟翻炒，但太用力搖晃會使堅果會飛出鍋外喔！
- 芝麻剛炒過香氣最足，炒熟的芝麻若用不完可冷藏保存。
- 熟堅果常溫下容易產生油垢味，建議酌量烹調，盡快食用完畢。
- 生堅果最好是冷凍保存。

菌菇

菇類有其特殊香氣和口感，是很容易取得的新鮮食材。

相較於香氣絕佳的乾香菇，新鮮的菇類直接聞起來是沒什麼香氣的，但新鮮的菇類只要經過乾煏或烘烤，香氣就會大大提升，口感也會更爽脆。

作法

1 各式菇類剝開或分切小塊後，冷鍋中小火鍋裡不放油，放入菇類慢慢乾煏，一面焦化後翻面再乾煏至水分都燒乾後可起鍋或接著進行料理。

2 同上，也可將烤箱預熱至攝氏 180 度，將菇類烘烤 8 〜 10 分鐘

鴻喜菇
根部切除後，剝成小株乾煏，或整株一起入烤箱烘烤。

蘑菇
整顆或拔去蒂頭、對切或切片都可以。

杏鮑菇
大杏鮑菇可切片或剝成細絲，迷你杏鮑菇可整顆料理比較美。

新鮮香菇
切去蒂頭整顆，或切絲、切片都可以。

美味小撇步

● 各式菇類單獨料理是非常適合帶便當的食材，煏熟後撒上各式調味料就可直接裝入便當囉！

● 煏香後的菇類和各式蔬菜拌炒，提升料理風味就是這麼簡單！

乾貨

拌炒蔬菜時，煮婦們也很常用乾貨來添加香氣。

比如乾香菇、蝦米、小魚乾，這類乾貨已經沒有含水分，必須用熱油來煏將其香氣逼出。

作法

乾香菇
炒菜前早一點泡冷水軟化還原，切片或切絲再用油煏。乾香菇請勿用熱水泡軟，香氣會降低。若是要燉湯，可將乾香菇用刷子刷乾淨不須浸泡，直接放入湯鍋慢慢燉煮，這樣的熬煮後的乾香菇香氣最極致。

蝦米、蝦皮或新鮮櫻花蝦
清洗乾淨瀝乾再用油煏，櫻花蝦解凍清洗後可用紙巾擦乾，材料越乾入鍋，油煏時間越短，不必太久香氣很足夠。

小魚乾
可浸泡 15 分鐘，清洗乾淨瀝乾再用油煏。

珠貝
乾珠貝可用米酒浸泡至軟後直接用油煏，或是用米酒蒸軟直接入菜。

珠貝煏過香氣更足但口感較硬，若是料理上湯類的蔬菜，可以不用油煏入菜。

美味小撇步

● 以上作法都是我自己料理心得，大家可以從烹煮料理中找到自己喜歡和習慣的作法和原則，只要注意衛生並讓食材發揮其特性，不一定要拘泥某種形式。

蔥蒜

最常用來搭配各式料理的辛香食材莫過於青蔥和蒜頭了。中小火油煸青蔥或蒜頭，香味四溢，但要注意別燒焦喔！

喜歡蔥蒜的朋友不論炒菜或是生食，用大把的蔥和蒜頭來提味，都能讓料理香噴噴，忍不住就拿起筷子一直夾入口中。

但青蔥不容易保存，買一大把一次又用不完，而蒜頭則在急用的時候，覺得要剝皮很麻煩，這時只要在平時購入新鮮青蔥和蒜頭時先處理一下，平常用起來就很方便有效率喔！

作法

青蔥 青蔥清洗乾淨後晾乾，分開蔥白和蔥綠，切成蔥花或蔥段，放入保鮮袋冷凍保存，炒菜時不必解凍，直接按照平時方式料理即可。

蒜頭 買回來的蒜頭可拿一部分將皮剝去，冷凍保存，冷凍後的蒜頭雖然蒜味降低比較不嗆，但使用起來很方便，有時候急著要用時隨手就有。

美味小撇步

- 務必購買完整的青蔥，有些菜販老闆會好意將青蔥頂端尖尖切去便於包裝，完整的青蔥才會防水喔！切了缺口的蔥管就會進水，不適合冷凍。
- 炒菜使用蔥蒜時，當然放越多越香，如果份量不足，香氣相對減弱很多。

醋漬嫩薑

有別於平時的生薑，每年五、六月本產的嫩薑纖維少，吃起來爽脆多汁，切片切絲來炒肉炒菜都很美味。因為產季很短，可以趁嫩薑盛產期間醋漬一些起來冷藏，可以放著慢慢吃。

材料
嫩薑…600g
沖洗用冰水…適量

醋漬汁材料
糯米醋…120cc
清水…200cc
冰糖…100g
桂花釀…1 大匙

殺青醃料
鹽…2 大匙
糖…1 大匙

作法
1 將水煮滾加入冰糖煮至完全溶解後，加入醋和桂花釀煮滾後關火放涼成為醋漬汁。
2 薑洗乾淨不去皮不切片直接加入殺青醃料醃上 2 小時，待殺青出水，水去除，用冰水沖洗嫩薑，並用力抓一下嫩薑擠出水瀝乾。
3 取一乾淨玻璃罐或玻璃保鮮盒，先用電鍋蒸過放涼確保衛生無虞。
4 薑嫩和放涼的醋漬汁都裝入容器中搖一搖，放入冰箱冷藏 2～3 天即可食用。

美味小撇步
● 若喜歡梅子風味，可改用 5～8 顆梅子取代桂花釀。
● 嫩薑整支來醃可變化不同料理，如切絲或磨細。若喜歡直接當小菜食用，建議削皮切薄片來醃漬取用比較方便。

後記

作者篇
用料理為親愛的家人加油！

　　順利於 2020 年 12 月上旬完成交稿的那一天，有別於平時隨性自在料理三餐的我，內心突然激動不已，細數這一年來我進廚房開火的日子居然有 350 天，而著手進行這本書是從 2020 年 4 月底才開始，在不影響準備家人三餐的狀況下，像鴨子划水般地根據天候和在家人作息以外的時間製作這本書，能平平靜靜地按照自己的計劃完成這項人生篇章，真心覺得自己很幸運，感謝老天也感謝自己。

　　撰寫這本書的期間，小女兒已經從高中畢業要去外地念大學，歐吉桑男丁還是一如以往天天帶著簡約小便當去上班。這期間很遺憾的，正值 COVID-19 疫情肆虐，大眾開始減少外食盡量在家自己下廚，我在設計便當菜的同時，真心希望這本料理書能對您有所助益，利用容易取得的食材、簡單的調味和料理步驟就能解決上班、上學帶便當的煩惱，然而這本書不僅僅提供各式便當食譜，它也是我家的便當故事，希望您會喜歡。

　　出書的緣由要感謝的人太多，除了感謝出版社看得起我並給我這個機會，更要感謝靠譜有創意的編輯麗娜整合企劃並提出非常棒的想法，讓我兩個寶貝女兒提供手寫字和插圖作為設計元素，她們的參與讓這本書成為足以傳家珍寶。還有敬業又用心的設計和美編非常專業地將我的作品用克萊兒風格呈現給大家。也要感謝在社群平台料理版上，無私分享料理經驗的老師、前輩和朋友們，以及指點我攝影的戴倫和我那些有興趣做料理的同學們，特別是我那位有如家人的閨蜜，也是我草創食譜的第一位讀者，我們在異地同時早起做便當，因為她，讓我發佈料理食譜時會用讀者角度思考，最後更要感謝所有喜歡我料理的朋友，謝謝你們的鼓勵和支持才讓我有信心創作這本《小女鵝和她阿爸的 1+1 便當日記》，由衷感謝。

　　完成這本書之後最開心的一件事，莫過於我家奧客協會會長也就是我的大女兒，她已經跟我預約了上班族便當，她說將來學業完成投入職場也要天天帶著媽媽做的便當去上班，這讓我終於有機會用料理為她加油。

食客篇
從暗黑料理晉升為頂級伙食的高校生便當

　　大家好～我是 Claire 的小女兒，老實說，我對媽媽要出書這件事到現在都沒什麼真實感（笑），我的媽媽在我高中之前很常不在家，比起她煮的飯，我反而比較常吃到她切的水果。媽媽會開始幫我做便當，是因為一個小小故事。

　　高二時，班上同學常常聚在一起吃便當，某天我看到我閨蜜還剩非常多飯菜，我問她幹嘛不吃，她說：「我沒胃口」之後還看了一眼我便當盒裡面的蔥蛋，那蛋基本上看過去就是滿滿的蔥，而且大部分還是焦黑的，她說：「看了妳的便當我更沒胃口」。當下我只覺得好笑，也沒放在心上的吃完自己的整個便當。回家跟爸媽分享這件事，純粹只覺得有趣。但沒多久媽媽就開始幫我做便當，後來才知道是爸爸聽到後心裡難過又心疼，希望媽媽能改善一下我的伙食，殊不知其實我每天還吃得蠻開心的。倒是我的便當內容從之前被閨蜜嫌棄，變成現在同學爭相目睹和羨慕的頂級伙食。

　　媽媽一直說我很好款待，但我覺得我只是味覺白癡，比起「好吃」和「難吃」，我的世界分成「能吃」和「不能吃」比較貼切，只要有得吃我都很開心！所以她每次問我對便當的評價，我都只回她「正常發揮」。但是真心謝謝媽媽每天早上都那麼早起床準備，讓便當跟我能準時六點半從家裡出發！

　　我真的非常期待媽媽的便當書出版，因為這本書記錄了一部分我高二跟高三的生活！以後當我變成老婆婆的時候，還可以翻看自己高中時的便當，想想就覺得非常有趣。

小女兒

草上奔牧場

Claire 真心推薦：

「阿奔蛋」

是我目前吃過最厲害的雞蛋！

我們全家都愛吃蛋，全員到齊時一週要吃 60 顆蛋，尤其小女兒和她阿爸，沒給蛋就當沒菜！小女兒曾經向我開出一個全蛋便當的要求，那天她的主菜、副菜我用了 5 顆蛋。

我做的便當也一定會有蛋，雞蛋是這個世界賜予人類最好的食材，價格親民卻營養價值高，我常做各式蛋料理來滿足家人，直到我遇上了阿奔蛋，才知道什麼是好蛋！用阿奔蛋來做太陽蛋、荷包蛋、水波蛋、玉子燒、胡蘿蔔蛋捲、醬油漬蛋黃、生蛋黃櫛瓜麵……樣樣都是蛋料理中的極品。

阿奔蛋總是在誕生隔天新鮮直送到我家，蛋殼堅硬，蛋黃圓滾滾 Q 彈又立體、富含蝦紅素和葉黃素，蛋白濃厚新鮮，尤其那阿奔蛋蛋黃，冷藏保存期限 25 日內打出來隨時都堅挺挺。落地 5 日內的阿奔蛋蛋黃可放心生食，那種我以為只有在日本才吃得到的新鮮雞蛋拌飯，熱呼呼的米飯每一口都巴住香濃蛋黃的滋味終於可以在家裡吃到！

孵育阿奔蛋的樂園「草上奔牧場」是我真心推薦用心堅持品質的廠商，他們是真正戶外牧養讓阿奔快樂跑，阿奔除了吃高級飼料外也啄食草叢間的昆蟲補充蛋白質和植物纖維，每隻阿奔都頭好壯壯，所以才能生出營養優質的阿奔蛋。

原野放牧蛋小名阿奔蛋，是我目前吃過最厲害的雞蛋。

info

雞鳴草上奔，蛋烹碗裡香的「草上奔牧場」

海拔 600 公尺的「草上奔牧場」，所有雞群奔跑於山林之間與獼猴老鷹為鄰。

超越歐盟 2025 年標準，摒棄在台灣達 90% 的格子籠飼養方式，全場採用放牧飼養。放牧的雞蛋自產自銷新鮮直送，均不含抗生素、動物用藥、芬普尼，每季均送 SGS 檢驗！

牧場雞群皆餵食天然穀物、玉米、有機蔬菜及益生菌，並添加植物性營養素：「金盞花萃取之葉黃素」、「紅藻萃取之蝦紅素」，讓珍貴營養素自然轉嫁於雞蛋中，葉黃素含量為一般雞蛋之 5 倍。

Instagram: @running.egg

bon matin 134

小女鵝和她阿爸的 1＋1 便當日記

作　　者　Claire 克萊兒的廚房日記
攝　　影　Claire
手寫字+插畫　奧客（大女鵝）和老兵魂（小女鵝）

野人文化

社　　長　張瑩瑩
總 編 輯　蔡麗真
美術編輯　林佩樺
封面設計　謝佳穎

責任編輯　莊麗娜
行銷企畫　林麗紅
出　　版　野人文化股份有限公司
發　　行　遠足文化事業股份有限公司
　　　　　地址：231新北市新店區民權路108-2號9樓
　　　　　電話：（02）2218-1417
　　　　　傳真：（02）86671065
　　　　　電子信箱：service@bookreP.com.tw
　　　　　網址：www.bookreP.com.tw
　　　　　郵撥帳號：19504465遠足文化事業股份有限公司
　　　　　客服專線：0800-221-029

讀書共和國出版集團

社　　　　　　　長　郭重興
發行人兼出版總監　曾大福
業 務 平 臺 總 經 理　李雪麗
業務平臺副總經理　李復民
實 體 通 路 協 理　林詩富
網路暨海外通路協理　張鑫峰
特 販 通 路 協 理　陳綺瑩
印　　　　　　　務　黃禮賢、李孟儒

法律顧問　華洋法律事務所　蘇文生律師
印　　製　凱林彩印股份有限公司
初　　版　2021年03月31日
初 版 2 刷　2021年04月15日
有著作權　侵害必究
歡迎團體訂購，另有優惠，請洽業務部
（02）22181417分機1124、1135

特別聲明：有關本書的言論內容，不代表本公司
　　　　　／出版集團之立場與意見，文責由作
　　　　　者自行承擔。

國家圖書館出版品預行編目（CIP）資料

小女鵝和她阿爸的1+1便當日記／Claire克萊兒的廚房日記著. -- 初版. -- 新北市：野人文化股份有限公司出版：遠足文化事業股份有限公司發行，
2021.04　200面；17×23公分. --（bon matin；134）　　ISBN 978-986-384-498-3（平裝）　1.食譜

427.17

110003966

野人文化
讀者回函卡
野人

感謝您購買《小女鵝和她阿爸的 1 ＋ 1 便當日記》

姓　名　　　　　　　　　□女 □男　年齡 _____

地　址 _____

_____

電　話　　　　　　　手機 _____

Email _____

學　歷　□國中(含以下) □高中職　□大專　　□研究所以上
職　業　□生產/製造　□金融/商業　□傳播/廣告　□軍警/公務員
　　　　□教育/文化　□旅遊/運輸　□醫療/保健　□仲介/服務
　　　　□學生　　　□自由/家管　□其他

◆你從何處知道此書？
　□書店　□書訊　□書評　□報紙　□廣播　□電視　□網路
　□廣告DM　□親友介紹　□其他

◆您在哪裡買到本書？
　□誠品書店　□誠品網路書店　□金石堂書店　□金石堂網路書店
　□博客來網路書店　□其他_____

◆你的閱讀習慣：
　□親子教養　□文學　□翻譯小說　□日文小說　□華文小說　□藝術設計
　□人文社科　□自然科學　□商業理財　□宗教哲學　□心理勵志
　□休閒生活（旅遊、瘦身、美容、園藝等）　□手工藝／DIY　□飲食／食譜
　□健康養生　□兩性　□圖文書／漫畫　□其他

◆你對本書的評價：（請填代號，1. 非常滿意　2. 滿意　3. 尚可　4. 待改進）
　書名_____封面設計_____版面編排_____印刷_____內容_____
　整體評價_____

◆希望我們為您增加什麼樣的內容：

_____

_____

◆你對本書的建議：

_____

_____

23141
新北市新店區民權路108-2號9樓
野人文化股份有限公司 收

野人

書名：小女鵝和她阿爸的1＋1便當日記

書號：bon matin 134